AF369895

Jouis du matin comme du .... ma chère
fille nous annonce le présence du Printemps

PETITES
ÉTUDES DE LA NATURE
OU
LEÇONS D'UN PÈRE
PAR A. E. DE SAINTES.
LIBRAIRIE DES BONS LIVRES.
Paris
MARTIAL ARDANT FRÈRES
QUAI DES AUGUSTINS
45
et à Limoges, même Maison.
1854.
Lith Lafon, Limoges

LES PETITES

ÉTUDES DE LA NATURE

OU

LEÇONS D'UN PÈRE

SUIVIES D'AUTRES ÉPISODES

PAR A. E. DE SAINTES.

LIBRAIRIE DES BONS LIVRES.

LIMOGES	PARIS
Chez Martial Ardant Frères	Chez Martial Ardant Frères
Rue des Taules.	Quai des Augustins. 25.

1854

I

LES PETITES

ÉTUDES DE LA NATURE

OU LEÇONS D'UN PÈRE.

LES PETITES ÉTUDES DE LA NATURE.

M. Dutillet avait cinquante-six ans et comptait trente campagnes, lorsqu'il obtint sa retraite de lieutenant-colonel. C'était sur les champs de bataille qu'il avait gagné tous ses grades et ses décorations. Il vivait des bienfaits du monarque, isolé de toute société, avec sa fille unique et la vieille gouvernante de cette fille chérie.

Issu d'une famille honnête, qui lui avait donné une éducation plus solide que brillante, né sans fortune, d'un naturel droit, mais fier, brave comme son épée, le chevalier Dutillet était parti en qualité de simple soldat. Sa conduite irréprochable et ses talents l'auraient porté rapidement aux premiers grades, si le mérite suffisait seul ; mais M. Dutillet aurait rougi de solliciter ce qu'il croyait avoir acquis par ses services.

« Il faut, disait-il, qu'un soldat soit le premier à l'attaque, le dernier à la retraite ; c'est alors seulement qu'un militaire doit être ardent à se montrer. » Pour lui, fidèle à cette maxime, ses chefs ne l'avaient rencontré qu'au champ d'honneur; aussi Dutillet, qui aurait pu, comme bien d'autres, arriver au grade de général, était resté capitaine à son régiment, où il jouissait d'ailleurs de l'estime et de l'affection de tous ses camarades.

En 1810, il fut assez heureux pour sauver la vie à une comtesse russe, que des maraudeurs poursuivaient, après avoir brûlé son château. Le capitaine français, véritable chevalier sans peur et sans reproche, l'accueillit comme aurait fait Bayard. Accablée de douleur et de fatigue, elle ne pouvait songer à regagner ses domaines incendiés, ni rester dans son pays couvert d'ennemis; il s'empressa de la conduire, avec sa suivante, dans une maison décente, à la porte de laquelle il mit une garde fidèle. La dame était veuve et devait la vie au jeune officier : aussi modeste que brave, Dutillet ne s'attendait guère à la récompense qu'elle réservait à son courage et à sa discrétion : il reçut avec joie la main et le cœur de la reconnaissante Yvela, sans penser seulement à s'informer si cette dame avait un rang et de la fortune.

Tout annonçait dans la comtesse une éducation distinguée, un cœur pur, un esprit droit, et, moins épris de sa beauté que de ses vertus, Dutillet l'aima pour elle-même. Cependant après leur mariage Yvela lui remit des papiers écrits en langue étrangère, pliés, cachetés, et renfermés dans un petit portefeuille de cuir de Russie, avec son portrait enrichi de pierres précieuses, et pria le capitaine de les garder pour l'amour d'elle.

Cette union devait être heureuse, mais elle dura peu.

Après la campagne, la comtesse suivit son époux à Strasbourg, et y mourut, en 1812, en donnant le jour à Amélie.

Le malheureux Dutillet fut, à cette époque, rappelé à son régiment, qui allait faire la guerre en Russie. Combien il lui en coûta de se séparer de sa fille, de l'abandonner à des mains étrangères!

En partant, il la laissait orpheline. Aulinska (la suivante d'Yvela) aurait-elle pour cette chère enfant la tendre sollicitude d'une mère? Fallait-il que cette innocente créature perdît successivement celle qui lui donna l'être, enlevée à la fleur de l'âge, et son père entraîné par un cruel devoir, si loin, pour si longtemps, peut-être pour toujours!...

Habitué jusqu'alors à considérer la mort comme une des chances ordinaires de sa noble profession, le chevalier l'avait bravée en mille circonstances sans ostentation, mais sans effort et presque sans y songer. Quand les hostilités s'ouvraient, on le trouvait toujours prêt à marcher et à combattre; sa vie était tout entière à sa patrie et à son prince; il l'exposait sans aucun retour sur lui-même, et jamais il ne lui arriva de s'inquiéter, à l'avance, ou de la durée d'une guerre, ou de l'éloignement des champs de bataille. Maintenant, fixant ses regards attendris sur sa fille, il calcule involontairement toutes les chances des combats qui vont s'engager, tous les périls qu'il va courir. Sans doute il n'est pas moins brave aujourd'hui, mais aujourd'hui il est père. La vie de sa fille, de sa fille qui n'a point de mère !... est attachée à la sienne. S'ils périt, que deviendra cette pauvre enfant, à peine entrée dans la vie, sans parents, sans amis, sans fortune !... , Oh ! que le premier coup de canon doit éveiller des émotions tendres et terribles dans l'âme des guerriers qui, en marchant à l'ennemi, ont laissé derrière eux des enfants au berceau, comme la petite Amélie ! Cependant le devoir commande, et jamais Dutillet n'a hésité entre ses devoirs et ses affections ; il partira ; mais il partira les yeux humides de pleurs, le cœur dévoré d'inquiétudes.

La bonne Aulinska a juré de ne jamais quitter sa jeune maîtresse. Le brave officier accueille ce serment avec reconnaissance, il se le fait répéter ; et, une dernière fois, il veut arroser de ses larmes la tombe de la mère et le berceau de l'enfant; puis, s'arrachant aux lieux où il laisse tout ce qu'il a le plus aimé, il part, il court, comme s'il doutait de lui-même, comme si l'honneur jaloux lui reprochait le peu d'instants que la nature a dérobés au devoir.

Plein de confiance dans les promesses d'Aulinska, Dutillet alla cueillir de nouveaux lauriers à Moscou.

Tirons un voile de deuil sur cette funeste campagne et ses résultats. Le récit en appartient à l'histoire, et est étranger à notre sujet.

Arrivé à Paris à la fin de 1815, Dutillet,

devenu lieutenant-colonel, fatigué autant que dégoûté du service, couvert de blessures, accablé des infirmités anticipées de la vieillesse, regrettant toujours son épouse, résolut de demander sa retraite. Il l'obtint du ministre. Sa fille fut amenée dans ses bras par la fidèle gouvernante. Amélie, quoique bien jeune encore, offrit à son père désolé la vivante image de sa malheureuse mère. Le colonel résolut de fuir le monde, et, tout à sa fille, il voulut en faire lui-même l'éducation. C'est, disait-il, l'emploi d'une mère que d'instruire, de former le jeune cœur de son enfant ; mais quand la mère n'est plus, un bon père doit y suppléer.

FONTENAY-AUX-ROSES.

Pour n'être distrait par aucun des devoirs que l'homme s'impose en société, il voulut vivre à la campagne, dans un séjour agréable et tranquille. Fontenay-aux-Roses, joli village à deux lieues de Paris, d'une population de sept à huit cents habitants, lui fut indiqué. L'origine de Fontenay-aux-Roses ne remonte guère au-delà du XIe siècle. Ce village est à un quart de lieue de Sceaux, entre Bourg-la-Reine, Bagneux, Châtillon, Clamar et Plessy-Piquet. Il semble dominer ces autres villages, dont il est le centre par sa situation romantique. Cet endroit portait anciennement le nom de Fontenay-les-Bagneux, sans doute à cause de sa proximité de ce dernier village. Le nom de *Fontenay-aux-Roses*, qu'il a conservé, est dû aux rosiers qu'on y cultivait en abondance.

Ses habitants s'étaient adonnés depuis longtemps à ce genre de culture; car on trouve, dans les actes du parlement de Paris, que le faiseur de couronnes ou de bouquets de roses de cette cour souveraine, se pourvoyait à Fontenay.

Dans des temps reculés, tous les ans les ducs et pairs étaient tenus de porter en grande cérémonie des roses au parlement. Le roi lui-même payait un droit de roses à cette cour. C'était aux mois d'avril, mai et juin que les pairs, en personne, présentaient leurs bouquets au moment où on appelait leurs rôles.

Dès l'an 1168, la seigneurie de Fontenay appartenait à l'abbaye de Sainte-Geneviève, qui avait droit de haute et basse justice. Colbert l'acquit en 1695.

Fontenay est dans une situation charmante, sur le penchant d'un coteau, au milieu d'un territoire fertile, bien cultivé, et abondant en arbustes de diverses sortes, et surtout en fraisiers dont la récolte est toujours considérable et très productive.

La plupart des maisons ont de jolis jardins plantés avec goût. On y trouve encore quelques champs de rosiers qui, durant la belle saison, forment un joli coup d'œil, surtout sur le plateau où on a placé le télégraphe. On en voit aussi de dix à douze pieds de hauteur le long des murs, et principalement devant la porte des maisons. Il y a un lavoir public alimenté par une source peu éloignée ; et on rencontre, en se promenant, des champs de fraisiers, des pépinières de toutes sortes d'arbustes, et plusieurs autres cultures d'une grande utilité pour les laborieux paysans qui ne manquent pas d'en tirer parti. L'heureuse situation de Fontenay, le beau pays qui l'entoure, le genre de plantation qu'on y favorise le plus, toutes ces causes réunies y ont fait bâtir successivement plusieurs jolies maisons de campagne ; une des plus agréables, celle de M. Ledru, appartenait jadis à Scarron. C'est à Fontenay-aux-Roses qu'est né l'abbé de Chaulieu, poète charmant, mort en 1720, à l'âge de quatre-vingt-un ans.

L'aspect enchanteur de ce village détermina Dutillet à y fixer sa demeure ; il y loua une petite maison avec un jardin qu'il orna de fleurs, et il plaça au bout de son parterre une volière qu'il remplit d'oiseaux de toutes espèces. Ce fut en 1816 que le colonel alla s'établir à Fontenay avec sa fille, encore enfant, suivie de sa gouvernante russe. Toujours retiré dans sa bibliothèque, au milieu des moralistes, ou dans son jardin, parmi les fleurs, la nature et les hommes lui fournissaient la matière des leçons qu'il croyait propres à former le cœur et l'esprit de sa fille. Il lui enseigna peu à peu ce qu'une jeune personne bien née ne doit pas ignorer pour n'être déplacée nulle part. Malgré ses soins, M. Dutillet ne put empêcher la petite Amélie de contracter l'habitude des causeries. Elle écoutait volontiers les caquets des com-

mères qui fréquentaient sa gouvernante, et
passait des heures entières à parler avec
elles, tandis que son père était occupé
ailleurs.

Les voisines, à la longue, s'étaient in-
sinuées dans l'esprit simple et bon d'Aulinska, et comme elles avaient des com-
plaisances pour Amélie, Aulinska laissa un
libre cours à leur commérage. La petite
Amélie avait pris l'habitude de caqueter
comme ces femmes, et de rapporter toutes
les histoires vraies ou fausses qu'elle
entendait.

La bonne gouvernante, étrangère à
notre langue et à nos mœurs, ne connaissait
point la signification des mots *médire* et
calomnier; et, lorsqu'elle voyait sa jeune
maîtresse répéter, après les villageoises,
tout ce qu'elles avaient dit de méchant
contre quelqu'un, elle ne faisait qu'en rire.
Il n'en était pas ainsi du colonel. Quoique

sa fille n'eût encore que douze ans, il la réprimandait sévèrement sur ses bavardages, et lui défendait expressément de lui rien rapporter. Comme il ne faisait et ne recevait aucune visite dans le village, on ne l'y appelait que l'ours. Il sortait seulement pour aller à Paris toucher sa pension, ou prendre l'air dans la campagne, et seul avec sa fille. Leurs promenades s'étendaient quelquefois fort loin. Le colonel prenait un livre, Amélie emportait son carton et ses crayons. A treize ans, elle avait déjà dessiné les châtaigniers d'Aulnay, et quelques beaux sites du pays et des environs.

Son père, qui aimait à causer avec elle et à répondre à toutes ses questions sur les beautés de la nature, après lui avoir fait parcourir, une après-midi, la *Fosse-Basin* et les hauteurs qui l'avoisinent, la conduisit, au déclin du jour, sur le plateau où est établi le télégraphe, près des deux moulins; leurs regards se promenèrent de là sur un paysage enchanteur.

On était à la fin de mai ; le parfum des fleurs , la vue de cette belle campagne , variée à l'infini, transportaient d'aise la petite Amélie, tandis que son père , la tête chauve et découverte , contemplait avec respect et admiration l'œuvre du Créateur. A leurs pieds étaient des champs de rosiers et de fraisiers chargés de fleurs et de fruits.

L'odeur que répandaient au loin les jeunes acacias, les seringas et les roses, les tenait comme en extase. L'aspect riant de ces terres cultivées de mille façons était un spectacle ravissant. Ici des lilas , des chèvrefeuille, des boules de neige ; là des fèves de marais , des pruniers , du blé , des pommes de terre, de la vigne, des haricots, du trèfle, du sainfoin ; partout des noyers, des néfliers , des cerisiers , des pommiers, des plantes légumineuses, des arbres utiles ou agréables ; dans le bas , des prairies émaillées de mille fleurs , bordées de peupliers, de saules, de bouleaux, de frênes, d'ormeaux, d'aubépine ; quelques jets d'une eau vive qui font remarquer leur passage bienfaisant, par de modestes rigoles , que décèle une bordure d'herbe verte et fraîche.

« Ah! papa , s'écrie Amélie , en contemplant l'ensemble du paysage , comme ce tableau me plaît! je vais tâcher de le dessiner; surtout maintenant que les derniers rayons du soleil couchant annoncent le crépuscule du soir.

— » Tu n'en aura pas le temps , ma fille.

— » N'importe , je vais essayer.

GRANDEUR DE DIEU.

— » Allons, puisque tu le veux, ouvre ton carton, et fais toujours ton esquisse ; demain tu l'achèveras. Tu vois, mon enfant, par tout ce qui nous environne, combien Dieu est grand, combien sa puissance est infinie, et combien nous sommes petits quand nous nous comparons à lui ! Si la vue de tant de bienfaits ne nous faisait aimer celui qui en est l'auteur, nous serions bien ingrats ; car, remarque bien que, dans sa sage prévoyance, il n'a rien oublié de ce qui peut nous plaire et nous être utile ; tous nos sens sont satisfaits à l'aspect de tant de merveilles. Nous, à qui l'éducation a permis de mieux apprécier d'aussi grands bienfaits, ne serions-nous pas plus coupables qu'aucun autre, si nous manquions de reconnaissance envers lui ? Supposons , ma chère fille , qu'un sauvage ait trouvé une montre, qu'après en avoir observé le mécanisme il fût parvenu à comprendre l'assemblage , le mouvement des pièces qui la composent; ce sauvage, ne connaissant cependant encore ni la division du temps, ni l'usage de sa montre, demeurera réellement plus ignorant à l'égard de cette machine que toi qui t'en sers tous les jours, quoique tu n'en aies pas examiné la structure. Il en est de même du merveilleux mécanisme de la nature.

» On pourrait avoir réuni les raretés des cinq parties du monde, avoir fait le dénombrement des étoiles, calculé les mouvements des planètes, prédit le retour des comètes, avoir subtilement disséqué des insectes, à toutes ces opérations avoir ajouté mille expériences curieuses, et cependant avec tout cela être fort ignorant. La nature entière est une magnifique montre, dont les ressorts ne jouent que pour nous apprendre toute autre chose que ce qu'on y voit. Le physicien qui passe sa vie à épier le jeu de ces ressorts, sans aller plus loin, ressemble parfaitement à notre sauvage ; il travaille à deviner ce qu'il est permis d'ignorer, peut-être impossible à concevoir, et il néglige l'unique point important, qui est de savoir à quoi la montre est bonne.

— » Je commence à te comprendre, papa ; c'est Dieu qui est le créateur et le moteur caché de la nature, de l'univers, de ce tout immense dont sa volonté conduit les rouages.

— » Un si grand œuvre, ma fille, annonce un auteur sublime, invisible, il est vrai, mais dont la présence se révèle par tout le bien qu'il fait. Cet auteur, c'est Dieu, qui, de son souffle divin, crée, anime, fait mouvoir le plus petit insecte comme le plus grand des quadrupèdes, qui fait éclore la modeste violette, et donne la vie au cèdre du Liban.

— » Mais, papa, si tous les climats, par exemple, ne ressemblent pas au nôtre, Dieu n'a donc pas voulu répartir également ses bienfaits?

— » La bonté de Dieu est infinie, ma fille ; mieux que nous il sait ce qui nous convient. La religion et la raison concourent à nous rendre attentifs au langage des cieux, de la terre et de l'univers entier, à nous y faire entendre partout la gloire de Dieu, à nous faire apercevoir ses perfections cachées dans les ouvrages de ses mains ; la vue de la nature est donc un livre populaire où tous les êtres raisonnables peuvent apprendre ce qu'ils ont intérêt de connaître. On ne tire point une montre de sa poche pour prouver qu'il y a un horloger. En voyant une pièce curieuse et bien travaillée, personne ne doute qu'elle ne vienne d'un ouvrier industrieux ; il ne faut point d'efforts pour unir ces deux idées qui sont inséparables, et si quelqu'un doutait que la montre eût un auteur, assurément on ne s'amuserait pas à le détromper.

» Ainsi, l'ouvrier, c'est Dieu ; les différentes parties qui composent la montre et lui donnent le mouvement qui marque, règle les heures, c'est la nature organisée en saisons.

— » Papa, je conçois parfaitement ta comparaison, et je m'en forme une idée juste.

— » Remarque, ma chère fille, que si le monde entier est le tableau des perfections de Dieu, l'usage de ce tableau n'est pas de nous prouver qu'il a Dieu pour auteur, mais de nous remplir de sentiments de reconnaissance à la vue de son unité, de sa puissance, de sa sagesse, de son indépendance, de sa bonté, de sa providence. C'est une agréable école que celle où l'on nous instruit par les yeux, où la vérité prévient nos recherches en se présentant à nous, sous les dehors les plus propres à nous convaincre et à nous attirer à elle. Partout où nous portons nos regards, nous voyons des éléments simples ou des corps composés qui ont des actions toutes différentes. Ce que le feu allume, l'eau l'éteint; ce qu'un vent a glacé, un autre vient l'attiédir; ce que le soleil a séché, les pluies viennent l'humecter.

» Mais toutes ces actions, et mille autres si contraires, en apparence, concourent admirablement à former l'ensemble de l'univers, à en soutenir l'harmonie. Les unes servent à aider ou à corriger les autres, et elles produisent un effet si nécessaire à l'assemblage général, que la soustraction d'un seul objet emporterait la ruine du tout, ou en interrompait le cours.

— » Je suis tout oreilles pour t'entendre, papa ; continue, je t'en prie.

— » Supprimons, par la pensée, la chose du monde qui nous paraît la moins utile ; par exemple, le mouvement de l'air, le vent. Voilà aussitôt la nature et tout ce qui existe dans le désordre. La société perd, avec la navigation, la jouissance des productions des autres climats. D'un autre côté, les vapeurs, que l'air et la chaleur élevaient de la mer, demeurent suspendues et immobiles au-dessus de l'endroit d'où elles sont parties. Faute de ce souffle léger qui dispersait les nuages de toutes parts, la campagne et ses habitants n'ont plus rien pour se garantir des longues ardeurs du soleil ; l'herbe des champs se flétrit et se sèche, les animaux périssent, et la nature est aux abois. Ajoutons que l'air est ce qui

2..

donne la vie ; que celui qui circule dans nos poumons, comme dans tout être vivant, la soutient et fait partie de son existence ; enfin, sans cet *air vital*, qui anime et vivifie, tout ce qui respire s'éteindrait; car, mon enfant, rappelle-toi bien que, sans les combinaisons des éléments qui forment l'essence de la nature, l'univers ne serait qu'un chaos, comme dans son principe, et qu'il suffit du manque de l'un d'eux, à l'égard d'un être quelconque, pour le priver de la vie.

— » Tout ce que tu dis, cher papa, m'enchante et me transporte !

— » Mais, ma fille, au lieu du vent, qui n'est autre chose que l'agitation de l'air, retranchons du corps de la terre un objet qui nous y paraisse moins nécessaire. Supprimons, par exemple, *l'argile*. Quel inconvénient pourrait-il en résulter? Il en arriverait un désordre égal au manque de vent. Ce qui sert à fabriquer de la vaisselle aux deux tiers et plus du genre humain nous manquerait; et cette perte, quoique importante, serait encore accompagnée d'une plus grande calamité. Avec l'argile, nous perdrions nos puits, nos fontaines et nos rivières. La circulation des vapeurs et des eaux se fera, il est vrai, sans l'argile; mais elle sera sans effet. La vapeur, épaissie en pluie, passera au travers des *arènes* (1); et les eaux, faute d'une couche de glaise qui les arrête, descendront sous les montagnes et sous les plaines, pénétreront jusqu'aux entrailles de la terre, ou se pratiqueront diverses routes pour gagner la mer sans nous avoir servi. Toutes les parties qui composent l'univers ont donc été préparées pour un certain usage, et la puissance qui les a assemblées est donc unique.

(1) *Arène,* sable, gravier dont la terre est couverte en certains endroits, et principalement aux rivages de la mer et des rivières.

» S'il y avait une intelligence qui eût créé le soleil, et une autre qui eût fait la terre, leurs vues et leurs intérêts n'étant pas les mêmes, celle qui aurait fait le soleil n'aurait point voulu, sans doute, s'assujétir à le mettre si régulièrement au service de l'autre. Il en serait comme des dieux du paganisme, qui se querellaient toujours. Il n'y a donc qu'un seul principe, un Dieu unique, immuable, qui ait assorti les parties du monde, et qui, je le répète, les ait tellement mises dans la dépendance les unes des autres, qu'un seul objet, la plus petite parcelle retirée de cet ensemble merveilleux, y apporterait un désordre universel. Mais je m'aperçois qu'il est tard. Le cri de l'oiseau de nuit nous annonce qu'il faut descendre et nous retirer. D'ailleurs tu ne dois plus y voir... Déjà les étoiles commencent à couvrir le firmament.

— » Oh! papa, quel dommage que tu ne continues pas!... Que ton admirable récit m'a intéressée!... Quels sont donc les ouvrages où tu as puisé de si belles choses, mon papa?

— » Mes observations de quarante années et quelques bonnes lectures. Demain soir nous reviendrons ici; tu achèveras ton dessin; pendant que tu travailleras, je te parlerai d'une autre partie de la nature qui t'intéressera peut-être encore davantage; mais j'y mets une condition : c'est que tu ne bavarderas pas davantage. Sais-tu bien qu'on ne t'appelle plus dans le village que la petite babillarde?

— » Ah! papa, je cause un peu, il est vrai, ma bonne m'en donne l'exemple; mais si quelquefois je te rapporte ce que j'entends dire, c'est seulement dans l'intention de te distraire. Je te vois continuellement renfermé dans ta bibliothèque , le visage souvent collé sur tes livres... Je crois bien faire en cherchant à t'égayer... »

Le papa lui donne un petit coup sur la joue.

« Allons , nous verrons demain comment vous vous comporterez. »

Le père et la fille rentrèrent ; ils soupèrent et allèrent se coucher en silence. Amélie était tout occupée de l'intéressant récit de l'auteur de ses jours ; elle n'en dormit pas. La journée qui suivit lui parut d'une longueur extrême.

Amélie vit avec une grande joie le soleil descendre à l'horizon ; à six heures précises, elle courut auprès de son père, son grand chapeau de paille sur sa tête , et portant à la main celui de M. Dutillet et sa canne.

» Voilà l'heure, papa; partons-nous?

— » Tu est bien impatiente !

— » Ah ! c'est que, vois-tu, je désire finir mon dessin. J'en ai commencé les ombres dans la journée ; mais, pour y mettre l'effet et retoucher l'ensemble, il faut que nous soyons là-haut au déclin du soleil. Tu sais ce que tu m'as promis pendant que je dessinerai ?...

— » Cela te fera donc bien plaisir ?

— » Oh ! mon père, peux-tu me le demander ? »

M. Dutillet et sa fille montèrent au télégraphe, et allèrent s'asseoir où ils étaient la veille. Amélie ouvrit son carton, étendit son papier, prit son porte-crayon, et commença son travail.

Le colonel reprit son récit.

L'ARRIVÉE DU PRINTEMPS.

« Toute la nature, comme tu le vois, ma chère fille, nous annonce la présence du printemps. Pour le vulgaire, le printemps n'est que le terme de la plus triste des saisons. C'est l'époque brillante du retour des fleurs, c'est l'image de la création primitive des êtres. Alors toute la nature se ranime : la terre froide et nue réchauffe son sein, elle se pare de verdure ; les arbres des forêts ont recouvré leur feuillage ; des milliers d'insectes sortent de leurs œufs ; l'oiseau, de retour de son émigration, reparaît dans nos bocages, et l'animal frappé d'un sommeil léthargique se réveille, tandis que d'autres quittent leurs habitations d'hiver ; partout on voit le mouvement et la vie. C'est au milieu de ce mouvement général , de cette confusion apparente, que s'opère le développement des êtres organiques , mais d'après un ordre gradué qui les enchaîne les uns aux autres. La nature, avant d'accorder l'existence aux animaux , prépare dans les plantes la nourriture qui leur est propre ; elle la prépare telle quelle leur convient dans le premier âge , telle que l'exige ensuite l'âge adulte. Ainsi le sein d'une mère se remplit d'un lait plus substantiel et plus abondant à mesure que l'enfant approche du terme de sa naissance ; mais il n'est pas accordé à tous les animaux de trouver leur subsistance sur le sein qui leur a donné la vie. Lorsque les insectes jouissent de la plénitude de l'existence, ceux de qui ils la tiennent ont déjà perdu la leur. La nature a inspiré à ces êtres l'instinct admirable de déposer leurs œufs sur la plante destinée à la nourriture des petits...

— « Mais, papa, que deviendront ces œufs, si, comme il arrive pour un grand nombre, ils sont déposés en automne, et viennent à éclore au moment où les feuilles disparaissent? ou bien, s'ils ne reçoivent la vie qu'au printemps suivant, qui les garantira des rigueurs de l'hiver?

— » La nature a tout prévu, ma fille; elle veut la reproduction des êtres, et Dieu a créé des lois qui dirigent tout vers ce but. Une glu épaisse et tenace fixe les œufs des insectes sur les corps où ils sont déposés; les pluies, les vents, les orages, rien ne peut les en détacher. Un duvet cotonneux, comme je te l'ai fait souvent remarquer aux arbres, enveloppe les plus délicats, et les garantit des froids rigoureux : ils doivent attendre dans cet état l'apparition de la plante destinée à les nourrir. Si avant la naissance des feuilles nous examinons ce chêne, ce peuplier, etc., nous verrons fixé, à côté du bouton prêt à éclore, un paquet d'œufs. Le bouton s'entr'ouvre, la nouvelle feuille s'épanouit ; et presque au même instant les jeunes insectes, sous le nom de *larves*, brisent la coque qui les renfermait. Les feuilles tendres leur offrent un aliment ; à mesure qu'elles deviennent plus coriaces et plus dures, l'insecte aussi acquiert plus de force pour les ronger.

» Nous venons de voir, avec la renaissance des feuilles, les insectes reparaître. Ceux-ci sont également réservés pour l'entretien de la vie de plusieurs autres animaux. C'est le premier aliment des jeunes oiseaux. Déjà le nid où ils doivent naître a été préparé, dès les premiers jours du printemps ; les semences précoces des saules et des peupliers ont fourni ce tendre duvet blanc sur lequel ils doivent reposer. Tous ces travaux pré—

liminaires se trouvent si bien combinés, qu'au moment où l'oiseau sort de son œuf, les plantes ont nourri des chenilles, des vers, des larves, en si grande quantité, que sans les oiseaux les feuilles disparaîtraient sous leurs mâchoires dévorantes. Ainsi le jeune oiseau ne jouit de la vie qu'à l'époque où il peut la soutenir par l'aliment qui convient à son âge; ainsi le besoin de se reproduire ne se fait sentir, dans ces musiciens aimables de nos forêts, que dans la saison où la nature a préparé des berceaux pour leur progéniture, et une nourriture abondante pour leur entrée dans la vie.

» Le renouvellement des êtres, au retour de chaque printemps, à commencer par les végétaux, semble nous indiquer celui de leur création première. Tout nous porte à croire que des plantes ont couvert la surface du globe longtemps avant qu'il fût peuplé d'animaux. La nature préparait en silence leur vaste demeure ; elle la fournissait de tout ce qui pouvait être nécessaire au soutien de leur vie : retraites sûres, bocages frais, nourriture abondante, rien ne manquait à aucun être au moment où il recevait l'existence. Les vers, les insectes, les animaux aquatiques, se montrèrent sans doute les premiers ; telle était la volonté de Dieu. Les oiseaux, auxquels ils servent de pâture, voltigèrent ensuite dans les airs, et interrompirent par leurs chants ce grand silence de la nature. Longtemps avant les animaux carnivores vivaient ceux qui broutent paisiblement l'herbe des prairies ; ils la broutaient sans avoir alors à craindre la dent ensanglantée de l'animal carnassier, qui n'a dû être créé qu'après eux.

— » Papa, mais tous ces êtres de mille formes différentes éprouvent-ils les mêmes sensations que nous ?

— » L'homme est le seul auquel Dieu ait accordé de jouir, dans toute sa plénitude, du beau spectacle que nous voyons ; lui seul en est affecté par tous ses sens ; lui seul peut en saisir la sublime ordonnance, le suivre dans ses détails, le contempler dans son ensemble ; les sites variés des paysages, les bords riants des des ruisseaux, la verdure nuancée des prairies, ne sont que pour lui. Il est presque le seul dont l'odorat soit agréablement flatté par les douces émanations des fleurs, la vue récréée par l'élégance de leurs formes, par le mélange de leurs couleurs. Quel autre que l'homme est pénétré d'une sorte de sentiment religieux à l'aspect d'une antique forêt ? Tandis que, si le papillon voltige de fleur en fleur dans nos parterres, ce n'est ni pour jouir de leur éclat, ni pour admirer cette variété si séduisante de couleurs et de formes, mais pour s'y nourrir et y déposer sa postérité ; l'abeille ne se montre dans les plaines fleuries que pour y recueillir la cire et le miel. Si l'oiseau s'égaie à l'ombre des bois, c'est parce qu'il y trouve sa sûreté, un asile et des aliments.

— » Que tes peintures, papa, sont intéressantes ! Mais les paisibles habitants des bois, s'ils n'étaient chassés ou interrompus par l'homme dans leurs jouissances, seraient peut-être les plus heureux des êtres vivants ?

— » Tu as raison, ma fille ; mais tu ne connais encore de la vie que les agréments. Pour adoucir le sort souvent malheureux de l'homme social, pour le distraire des vicissitudes qu'il éprouve, il faut le ramener aux plaisirs purs et simples de la nature, lui en montrer la source dans ses rapports secrets, charmes des cœurs sensibles, qui convertissent en jouissances de sentiment ces premières émotions, qui semblaient d'abord n'avoir affecté que les sens. Avec quelle douceur elles se font sentir à l'aspect de cette simple rose placée sur le front de la jeune *Rosière* par les suffrages de ses compagnes! Que d'émotions à la rencontre des fleurs, même les plus communes, lorsqu'elles se rattachent à certaines époques de notre existence! Que de souvenirs délicieux elles renouvellent toutes les fois que nous revenons dans ces promenades champêtres, comme ici, où nous a si souvent attirés, avec le retour des zéphirs, celui de la verdure et des fleurs! Quel plaisir de retrouver l'aubépine fleurie, de conquérir la rose défendue par ses épines, de découvrir la violette trahie par son odeur! Il n'est donc pas une plante qui ne nous rappelle une jouissance, et avec elle l'âge heureux de notre première jeunesse: c'est la primevère développant dans les prairies son panache doré; c'est la

ronce aux baies succulentes, la fraise
parfumée, la noisette savoureuse ; c'est le
chèvre-feuille, entremêlant ses rameaux
fleuris à ceux des jeunes ormeaux ; c'est
le coquelicot et le bluet, ornement des
moissons : enfin il n'est point de parure
sans bouquets, point de fête sans guirlandes, point d'époque heureuse dont le
retour ne soit célébré par des fleurs : elles
composent ces couronnes destinées à cein-
dre, dans les luttes villageoises, le front
des vainqueurs ; les fleurs ont orné notre
berceau, elles couvriront encore notre
tombe, comme si elles devaient par leur
éclat masquer l'horreur de notre destruc-
tion. Compagnes inséparables de notre
existence, elles se prêtent en quelque
sorte à toutes nos affections ; elles em-
bellissent les plus beaux jours de notre vie,
elles amortissent et flattent notre douleur.
Des guirlandes suspendues à l'autel de
l'hymen ont signalé notre bonheur, de
noirs cyprès en annoncent le terme...»

3..

M. Dutillet s'arrêta. Il aperçut les larmes de sa fille qui coulaient en silence, tant son émotion était grande. Il lui prit la tête et l'appuya sur sa poitrine... « Pardonne, mon Amélie, pardonne à mes souvenirs. »

La jeune personne, dont le cœur était sensible et bon, jeta ses bras autour du cou de son père. Elle songeait à sa mère, qu'elle n'avait point connue ; enfin, elle reprit : « Ton enthousiasme pour la belle nature, mon cher papa, a produit en moi cette émotion. Je suis ton élève, il n'est pas surprenant que les leçons du maître aient fait naître quelques fruits.

— » Flatteuse ! » répondit M. Dutillet en l'embrassant de nouveau ; puis, changeant de conversation, il examina son dessin et le trouva assez avancé. La nuit était presque close. Le colonel et sa fille prirent en silence le sentier qui descendait au village, dont on apercevait le clocher à travers les arbres, et arrivèrent chez eux. Le jour suivant, le colonel ne sortit pas ; Amélie acheva son paysage.

Aulinska faisait quelquefois de courtes promenades dans la campagne avec Amélie, lorsque la goutte empêchait le colonel de sortir. Malgré la jeunesse de la fille du vétéran, son père n'hésitait pas à la confier à sa gouvernante, parce qu'il était sûr de son attachement, et qu'il connaissait sa prudence. En allant à Aulnay, village situé dans les bois peu éloignés de Fontenay, Aulinska apprit qu'une princesse russe y faisait son séjour. Le désir de s'entretenir avec quelques-uns des gens de l'étrangère dans sa langue maternelle, de voir des compatriotes, lui faisait préférer Aulnay à tout autre village dans ses courses solitaires avec sa jeune maîtresse. Elles se reposaient ordinairement chez une bonne femme, qui présentait à Amélie, pour son goûter, une jatte de lait qu'elle mangeait avec du pain frais de ménage. Amélie s'asseyait ensuite un peu plus loin dans le bois et y dessinait, ou bien elle cueillait quelques fleurs, attrapait des papillons, ou rassemblait des insectes qui lui paraissaient singuliers, et qu'elle renfermait dans une boîte pour les offrir à son papa, qui était amateur de toutes ces choses. En passant à Aulnay, Amélie et Aulinska avaient remarqué la *grande chaumière* où la princesse demeurait. Un jour, tandis que la fille du colonel prenait son lait chez la paysanne, la gouvernante ne put résister au désir de la faire causer sur les habitants de la chaumière, et finit par la prier d'aller inviter la femme de chambre de la princesse, que la villageoise connaissait, à venir voir une personne de son pays. La paysanne n'y manqua pas. A la vue du costume russe, que la suivante de la princesse portait, Aulinska ne peut retenir ses larmes. « Quelle contrée vous a vu naître ? demanda la gouvernante.

— » La Lithuanie, répondit la femme de la princesse.

— » Et la princesse ?

— » Elle est née dans la Pologne russe, mais a été élevée à Moscou. » Les deux femmes s'entretinrent longtemps dans leur langue, qu'Amélie n'entendait pas ; en se séparant, elles promirent de se revoir bientôt.

Le soir, Amélie, suivant son habitude, rapporta tout à son père, qui gronda un peu la gouvernante de ce qu'elle était allée à Aulnay.

« Je n'y pouvais tenir, répondit celle-ci ; et si vous saviez, monsieur, quel bien cela m'a fait de parler le russe, que j'avais presque oublié !.... »

A ces mots, une larme vint mouiller
la paupière du brave militaire, qui pensait
à sa chère Yvela.

Amélie s'en apperçut, et rompit la conversation, en mettant sous les yeux de son
père l'ample moisson d'insectes et de
fleurs des champs qu'elle avait apportés.
Un baiser sur son front fut sa récompense.

M. Dutillet se sentait un peu mieux.
Il proposa à sa fille d'aller le lendemain
matin sur les hauteurs de Plessis-Piquet,
au plateau qui domine la Sablière, près
des murs du parc, pour jouir du magnifique spectacle du soleil levant. Amélie
sauta de joie, et promit d'être prête.

Le vétéran rappela à sa fille que la vue
était superbe de ce côté, qu'elle aurait
un joli paysage à dessiner, pendant qu'il
lui parlerait encore des grandeurs de

Dieu et de la nature. Amélie et son père se rendirent le lendemain dès l'aurore, en se promenant, au plateau de la Sablière ; ils s'y assirent sur un gazon frais, mais qu'Amélie eut soin de recouvrir d'un léger tapis qu'elle avait apporté pour son père ; quant à elle, son petit pliant lui suffit. Le soleil ne tarda pas à paraître resplendissant de toute sa gloire. Il était pur ; devant lui les ombres légères de l'aurore s'évanouirent ; les hôtes des bois et des vallons le saluèrent par un ramage enchanteur.

Le calme qui régnait autour du colonel et d'Amélie, le silence qui n'était interrompu que par le chant varié de mille oiseaux, inspiraient une douce mélancolie.

M. Dutillet dit à sa fille : « Je vais te parler des plantes, de cette partie si intéressante du règne végétal.

DU RÈGNE VÉGÉTAL.

» S'il suffit, pour obtenir le droit d'être placé parmi les êtres qui jouissent de la vie, d'en parcourir les différentes périodes, d'être muni de tous les organes qui en exécutent les fonctions, on ne peut refuser aux plantes les prérogatives des êtres vivants ; mais les plantes répondent-elles, par leur mode d'existence, à l'idée grande, sublime, merveilleuse que nous nous formons de la vie ? Existent-elles vraiment quand l'être qui en est doué n'a ni la conscience de son existence, ni aucune sorte de volonté ; quand il ne sent ni plaisir, ni douleur ; quand il ne remplit les fonctions vitales, en quelque sorte, que comme l'aiguille qui trace sur un cadran les minutes et les heures ? A la vérité, la plante a des fonctions organiques qui la font se reproduire par la semence.

Dès qu'elle est animée par ce mouvement intérieur qui ne cessera qu'à la mort du végétal, elle développe peu à peu toutes les parties nécessaires à son entretien, à son accroissement ; elle reçoit et absorbe des aliments ; elle se les approprie et les convertit en sa propre substance. Faible d'abord, parée ensuite de toutes les grâces de la jeunesse, elle présente, sous les formes les plus séduisantes, de nouveaux organes, ceux de la reproduction ; enfin elle termine son existence par la maturité des fruits.

» Sans cet appareil organique, par lequel les plantes croissent et accumulent la matière végétale ; sans cette reproduction merveilleuse des individus par les *graines* ou *semences*, les plantes. considérées dans leur forme extérieure, pourraient être presque assimilées aux substances cristallisées des minéraux. Elles n'en diffèrent point sous le rapport du sentiment, puisque rien ne nous prouve qu'elles soient susceptibles d'aucune impression de douleur ou de plaisir, leurs mouvements n'étant dirigés par aucune volonté déterminée, mais par une simple attraction.

— » Mais, papa, je croyais que les arbres et les plantes en général pouvaient se reproduire autrement que par les semences.

— » Oui, sans doute, les arbres et les arbrisseaux assez forts pour qu'on puisse en distraire des *boutures* ou petites branches que l'on coupe, se reproduisent en les plantant dans la terre ; tels sont les *chênes*, les *ormeaux*, les *peupliers*, et tant d'autres. Quand aux arbres à fruit, si on veut en recueillir des productions agréables au goût, il faut qu'ils soient *greffés*, c'est-à-dire que sur un cognassier sauvage ou un poirier on implantera un *pommier* du Canada, des poires de Saint-Germain ; sur un prunier sans culture ou un amandier, des arbres à noyau, comme cerisier, abricotier, etc.

» Les arbres se greffent au moyen d'une incision que l'on fait à la branche de l'arbre dont on veut changer la nature, et dans lequel on introduit une petite bouture de celui que l'on désire faire produire, en le consolidant avec une cire préparée. »

Amélie fut enchantée de ces explications de son bon père, dans la conversation duquel il y avait toujours mille choses instructives. Le soleil commençait déjà à s'élever sur l'horizon ; ses rayons avait dissipé le brouillard du matin, et s'éten-

daient en un cercle brillant de lumière,
en faisant sentir à toute la nature sa chaleur vivifiante.

L'esquisse du paysage d'Amélie était
terminée. Le père et la fille rentrèrent
pour déjeuner.

M. Dutillet ne sortit plus de la journée.
Il ne quitta pas son jardin, où il fit de
nombreux travaux dans les plates-bandes
de fleurs.

LA FOSSE-BAZIN.

Amélie demanda, vers le soir, si elle
pouvait aller, avec sa bonne, faire un
tour à la *Fosse-Bazin.* Le colonel y con-
sentit. Aulinska portait le carton de sa
maîtresse et son petit pliant : jamais
Amélie ne sortait dans la campagne sans

ces deux objets. Elles s'arrêtèrent sous la voûte verdoyante de quelques arbres qu'on rencontrait sur la route d'Aulnay. Amélie avait un livre à la main : c'était un des volumes du *Spectacle de la Nature et de l'Industrie humaine*, de C. Delattre, que son père lui avait permis de lire, afin qu'elle pût mieux comprendre tout ce qu'il lui disait sur la grandeur de Dieu et les merveilles de la création. Ce livre a été inspiré par l'ouvrage de Pluche, et aucun livre ne saurait mieux le remplacer. C'est bien l'œuvre la plus morale et la plus instructive que l'on puisse mettre entre les mains de la jeunesse.

Un quart d'heure s'était écoulé depuis qu'Amélie lisait à l'ombre, lorsqu'on entendit une voiture : c'était celle de la princesse russe. Soit à dessein, soit que ce lieu lui semblât commode pour descendre, la princesse quitta sa calèche ; et, s'avançant vers Aulinska , avec sa femme de chambre (la jeune Moscovite dont nous avons parlé) , elle demanda le chemin de la *Fosse-Bazin* (1).

La gouvernante d'Amélie répondit aussitôt en russe , et s'empressa de le montrer. A ces accents de sa langue natale , la dame parut agréablement surprise. Sa femme de chambre lui apprit alors qu'Aulinska , attachée au service de l'officier français retiré à Fontenay-aux-Roses , était celle dont elle lui avait parlé , et qui accompagnait ordinairement la fille du colonel dans ses promenades.

(1) Jolie promenade encaissée entre deux coteaux couverts de bois, etc.   (*N. de l'auteur*.)

LA PRINCESSE RUSSE.

La princesse avait un air mélancolique, un abord froid, qu'au premier aspect on eût pris pour de la hauteur. Cependant Amélie, qui était bien aise de s'entretenir avec une *princesse russe*, passa devant et s'offrit à la conduire à la *Fosse-Bazin*. On n'en était pas éloigné ; on y arriva bientôt. La princesse, voulant s'asseoir, fit un signe à son *chasseur*, et il alla chercher un coussin dans la voiture qui suivait au petit pas.

La princesse parlait peu ; Amélie s'efforçait vaiment de vaincre sa timidité. On allait un à un dans le petit sentier qui borde la fosse, et qu'ombragent des arbres et des arbustes de toute espèce. On s'arrêta enfin vers le milieu , dans un endroit couvert , et sur une jolie pelouse.

Le coussin de la princesse ayant été placé sur l'herbe , le pliant d'Amélie fut dressé à quelques pas de là.

La princesse lorgnait tout ce qui l'entourait. Amélie se tenait à une distance respectueuse , et gardait le silence , tandis que sa gouvernante était près d'elle , que les gens de la princesse formaient un groupe éloigné.

Enfin la princesse adressa en ces termes et en français la parole à Amélie :

« Y a-t-il longtemps mademoiselle , que vous habitez Fontenay? »

La gouvernante s'avance et répond en russe :

« Depuis dix ans , madame. »

— » Ce n'est pas à vous que je m'adresse, laissez parler cette enfant, » reprend la princesse dans sa langue. *(A Amélie.)* « Y a-t-il de la société à Fontenay ?

— « Je l'ignore, madame ; je n'y connais que mon père, le curé du lieu, que je vois à l'église tous les dimanches, et ma gouvernante. Je ne compte pas quelques paysannes qui viennent chez nous aider Aulinska, lorsque nous en avons besoin pour le service du ménage. D'ailleurs, madame la princesse, vous saurez que dans les petits endroits on est fort curieux...... A Fontenay, surtout, chacun voudrait savoir ce que vous faites.... »

La princesse sourit.... tandis que la bonne d'Amélie la tire tout doucement par la manche.

« Et pour vous, ma belle enfant, repart la princesse, vous ne vous y occupez sans doute de personne ?...

4

— « Comment le pourrais-je, madame ? mon père, qui ne sort jamais que pour se promener avec moi quelques instants, ne fait société avec qui que ce soit.

— » Et cela vous déplaît probablement beaucoup ?

— » Il est certain, madame, qu'à présent que je suis grande, je ne serais pas fâchée, comme on dit, d'aller quelquefois dans le monde. »

La princesse fit un éclat de rire, qu'elle réprima bientôt cependant. Amélie s'était rapprochée,..... elle considérait ses traits et pensait.....

« Quel âge avez-vous, mademoiselle ? demanda la dame russe.

— » Madame, quatorze ans dans quelques jours.

— » J'ai ouï dire que votre mère n'était
pas française ?

Amélie, reprenant tristement : « Il est
vrai, la Russie la vit naître... »

Aulinska, remarquant que sa jeune
maîtresse peut commettre quelques indis-
crétions, s'avance modestement vers la
princesse. Quoique le colonel sût parfaitement alors quels étaient les parents de
la mère de sa fille, il n'avait jamais fait une
démarche pour se faire connaître à eux.

Content de sa situation, s'il pensait
quelquefois aux parents d'Yvela, ce n'était
que pour pleurer la perte de son épouse.

« Comment appelait-on votre maîtresse ?
demanda la princesse en russe, en s'adres-
sant à la bonne d'Amélie.

— » Madame, mon maître m'a défen-
du.... il ne m'est pas permis....

— » Comment?

— » Permettez, madame, que je me retire.... »

La princesse, à ces paroles, dites avec mystère, parut agitée d'un sentiment secret, et une pâleur subite vint couvrir son visage. « A quelle époque, dans quelle contrée le colonel Dutillet a-t-il connu, épousé sa femme ? »

Comme ces derniers mots étaient prononcés en français, Amélie les entendit, et se hâta de répondre : « C'est en Lithuanie, à la suite d'une bataille où plusieurs habitations furent incendiées....

— « Arrêtez, mademoiselle ! s'écria d'une voix émue la bonne Aulinska; M. votre père....

— » Parfaitement, interrompit la dame

russe en s'approchant davantage de la fille du colonel, qu'elle considéra avec agitation... Ces traits, cette blancheur, ces yeux, qui me rappellent.... Votre père, ma chère Amélie, reprend la princesse en s'efforçant de cacher son trouble..... ne vient donc jamais à Aulnay?.... Je ne sache pas l'y avoir rencontré dans mes promenades, depuis près de deux ans que j'habite ce joli pays. Vous devriez l'engager à venir de ce côté.... »

Il se faisait tard, la princesse se leva, et voulut absolument reconduire Amélie dans sa voiture. Ce n'était plus cette personne mélancolique et fière ; sa figure paraissait animée.... Aulinska et Amélie furent descendues à l'entrée de Fontenay.

La princesse embrassa tendrement la jeune personne, et lui dit qu'elle espérait bientôt la revoir avec M. Dutillet.

4..

Amélie, à son retour, ne manqua pas de raconter à son père les aventures de sa promenade.

Le colonel, qui désirait par-dessus tout rester ignoré, être libre, qui avait fait tant de sacrifices d'amour-propre pour s'enfermer dans son humble retraite et conserver sa tranquille indépendance, gronda beaucoup la gouvernante de son imprudence.

Aulinska lui répondit : « Mais, monsieur, au demeurant, quel grand mal y aurait-il donc quand la princesse saurait que ma maîtresse, qui était aussi comtesse, libre d'elle-même et de sa fortune, est devenue votre femme ?

— » Vous savez quels sont mes principes. Je ne veux rien des parents de mon épouse.

— » Mais, monsieur, vous avez un enfant, et vous n'êtes pas riche; ma maîtresse l'était beaucoup. Vous possédez les titres de ses biens dans le petit portefeuille qu'elle vous a laissé....

— » Connaissez-vous cette princesse?

— » Non, monsieur; comme je vous l'ai dit, quelque temps après la mort de madame, elle avait une sœur à Moscou, chez une tante qui l'a élevée. Je sais qu'on l'y a mariée; mais j'ignore à qui.... »

Pendant ce dialogue qu'Amélie écoutait, la jeune personne se perdait en réflexions et en conjectures. Jamais elle n'en avait entendu autant sur sa naissance...... « Je suis fille d'une comtesse russe! se disait-elle. La princesse est peut-être ma parente; que sait-on? »

Amélie en voulait presque à son père de l'ignorance dans laquelle il l'avait laissée jusqu'alors; sa malignité habituelle, tout enfantine qu'elle pouvait paraître, cherchait des motifs à cette réserve.

Quand au pauvre colonel, qui s'était figuré vivre au bout du monde en habitant Fontenay, y être ignoré et heureux le reste de ses jours avec sa fille, il ne savait quel parti prendre. La dame russe n'était pas plus tranquille de son côté. Elle écrivit le lendemain matin au colonel pour l'inviter à dîner le jour même, lui et sa fille, et le prévint qu'elle enverrait sa voiture pour les prendre. Son billet était si poli, si engageant, que refuser eût été de la dernière impolitesse. M. Dutillet se vit donc contraint d'accepter. Il passa à la hâte son uniforme. Amélie, parée de sa jeunesse, ne fit pas de grands frais pour sa toilette. Cependant, par un petit mouvement de vanité, son père lui mit au cou le portrait de sa mère qu'il avait conservé. La miniature demeurait cachée sous le fichu de la jeune personne ; mais la chaîne d'or qui pendait après, d'une forme étrangère, et sans être autrement remarquable, restait en évidence.

M. Dutillet et sa fille arrivent à Aulnay. On les annonce. La princesse va les recevoir au bas de l'escalier. Le colonel, un peu embarrassé de cette réception cérémonieuse, salue avec respect. La dame russe embrasse Amélie d'une façon toute cordiale. On passe au salon, où il ne se trouvait personne.

« Vous le voyez, dit l'étrangère avec grâce, je vous reçois en famille, comme une vieille connaissance.....

— » Je ne sais, madame, répond le colonel, comment j'ai pu m'attirer une si haute faveur....

— » N'avez-vous pas été l'époux d'une de mes compatriotes?....

— » Oui , madame....

— » N'est-ce pas en Lithuanie que vous l'avez connue?...

— » Il est vrai...

— » M. le colonel, veuillez éclairer mes doutes. »

Le colonel, avec une émotion visible : « Que faut-il faire pour cela, madame?...... »

La princesse s'approche d'Amélie, qui écoutait attentivement : « Cette enfant ressemble à une personne qui me fut bien chère !... J'eus une sœur... »

L'officier français, à ces mots, ne pouvant résister au sentiment qui le domine, va pour détacher le médaillon que sa fille porte au cou et qu'elle-même s'empresse de remettre à son père. Le colonel présente ce portrait à la princesse, en lui disant : « Voilà ma femme, madame ; mais là, ce n'est qu'une peinture, au lieu qu'ici, en montrant son cœur, son image est toujours vivante. »

La princesse prend rapidement des mains de M. Dutillet la miniature qu'il offre à ses regards surpris, et s'écrie : « Ciel ! c'est elle ! » et ses lèvres s'attachent à cette froide image, tandis que ses pleurs coulent : « Mes pressentiments ne m'avaient donc point trompée !..... Amélie, embrassez votre tante ! Colonel, voyez en moi votre sœur ! »

Le brave militaire baise la main que lui tend la princesse et que des larmes qu'il ne peut retenir davantage viennent inonder. Une scène aussi attendrissante est plus facile à sentir qu'à décrire. M. Dutillet expliqua avec candeur et bonne foi les circonstances qui lui firent connaître sa chère Yvela. La sœur promet au beau-frère de lui apprendre comment, depuis deux ans qu'elle habitait Aulnay, elle avait soupçonné, en entendant parler de lui, de sa domestique russe, de ses campagnes, et même de l'originalité de son caractère, qu'il pouvait bien avoir été le mari de celle qu'elle ne pouvait oublier.

La fille du colonel fut placée à table entre son père et sa tante. Celle-ci ne cessa de lui prodiguer les caresses et les attentions les plus délicates pendant tout le dîner.

La jeune Amélie, éblouie, surprise, confondue d'un bonheur aussi inattendu, qui la plaçait, dès cet instant, par sa fortune, au rang des plus grandes dames, disait-elle; Amélie ne put trouver, dans cette circonstance qui bouleversait toutes ses idées, qui changeait si complétement sa position, de quoi satisfaire son habitude de parler ; aussi , quand elle fut de retour, le soir, à Fontenay , avec son père , elle n'eut pas un mot à lui dire ; elle restait pensive et rêveuse. Le colonel paraissait lui-même absorbé dans une méditation profonde en songeant qu'il lui faudrait peut-être abandonner sa chère solitude, sa liberté qu'il chérissait tant , les échanger contre ces bienséances sociales qu'il avait fuies jusqu'alors. L'amour paternel l'emporta pourtant. La princesse avait promis de venir déjeuner le lendemain sans façon avec son beau-frère et sa nièce. Elle tint parole. Ce fut presque un événement à Fontenay que d'y voir paraître les laquais , le chasseur et le bel équipage de la dame russe. Le colonel Dutillet tira du petit portefeuille les papiers qu'il avait conservés, et la princesse les reconnut pour avoir appartenus à sa sœur ; c'é- taient les titres d'une fortune considé- rable que l'indifférence, le mépris du colonel pour les richesses, avaient laissés dans l'oubli, et qui y seraient probablement restés sans l'apparition de sa belle-sœur. Amélie, dès ce moment, devint une autre personne. Le penchant qu'elle avait à bavarder, la teinte de médisance qui faisait le fond de son caractère, s'effacèrent tout-à-fait, pour faire place à des qualités solides et brillantes qui convenaient à la fille, à l'élève du brave et modeste Dutillet. Sa tante la prit en si grande affection qu'elle obtint de la garder auprès d'elle. Le colonel fut obligé, avec toute sa philosophie, de faire ce que sa fille et la princesse voulurent; et enfin Amélie, devenue avec le temps une jeune personne accomplie, fit la consolation, le bonheur et la gloire de sa famille. A vingt ans la fille du colonel épousa un homme dont le nom, la fortune et le rang avaient de quoi plaire à l'ambition de la princesse, qui pour lors se fixa tout-à-fait en France.

II

ANAIS ET CHARLOTTE

OU

AMOUR-PROPRE ET BONTÉ.

ANAIS ET CHARLOTTE.

Lᴀ nature avait prodigué ses dons les plus précieux à la fille unique de M. Désormeaux, négociant de Nantes, et une excellente éducation avait heureusement développé toutes les bonnes dispositions d'Anaïs. Cette jeune personne avait quinze ans ; elle paraissait avec avantage dans les sociétés de la ville où ses grâces et ses talents la faisaient remarquer. Tant de

perfections, tant de qualités aimables,
disparaissaient cependant sous un défaut
unique, mais capital, la vanité. Son
amour-propre était tel qu'il fallait, pour lui
plaire, qu'on la mît en toute occasion au-
dessus de ses compagnes. Sa qualité de fille
unique, et les richesses de son père, lui
faisaient croire qu'aucune demoiselle de la
ville ne pouvait lui être comparée. M.
Désormeaux, plus livré à ses spéculations
commerciales qu'à former le jugement et à
corriger le caractère d'Anaïs, abandonnait
la direction de sa maison à son épouse,
dont la tendresse aveugle pour sa fille n'a-
vait point de bornes et satisfaisait tous ses
caprices. Ces dames correspondaient à
Paris avec une couturière et une marchande
de modes qui leur envoyaient chaque
semaine des chapeaux et des parures
nouvelles. Le faste de M. Désormeaux, les
fêtes qu'il donnait, et la beauté de sa fille,
attiraient chez lui une nombreuse société ;
on pouvait citer sa maison comme la seule,

à Nantes, qui offrît un agréable ensemble
de tous les plaisirs. Toutefois on rapportait
tout à sa fille, dont le luxe et la toilette
effaçaient ce qu'il y avait de plus brillant
dans la ville. Mademoiselle Anaïs prenait.
avec ses égales et même avec ses compagnes
d'une naissance et d'une fortune supé-
rieures à la sienne, des façons peu con-
venables qui choquaient généralement. La
famille Désormeaux jouissait cependant de
l'estime publique, qu'elle méritait sans
doute par la conduite irréprochable de tous
ses membres, par la sagesse et l'application
du chef dans ses affaires; et la considération,
ainsi acquise et consacrée, assurait,
augmentait tous les jours le crédit du père.
Pourtant les amies de madame Désormeaux
lui représentaient que sa fille Anaïs ne se
faisait pas aimer, malgré sa beauté, parce
qu'elle manquait d'affabilité, disait-on. Il
faut le dire aussi, rien ne va mieux à une
jolie figure que la modestie, des manières
gracieuses ; la hauteur et les airs méprisants

ne conviennent à personne. La bonne mère faisait à sa fille des représentations, la sermonait un peu ; et Anaïs ajoutait à ses premiers torts, le tort plus grave encore de répondre avec aigreur. « Oui, disait-elle, madame Dalmon, dont la fille est gauche et laide, enrage de ce que je l'éclipse par ma tournure et ma toilette. Si mademoiselle Duluc est une idiote, si mon esprit me fait rechercher, ne faudra-t-il pas, pour plaire à ces dames, que je fasse aussi la sotte ? Elles m'en veulent de ce que je suis plus jolie qu'elles, plus élégante ; de ce que nos fêtes réunissent la société la mieux choisie ; de ce que le goût le plus exquis préside à toutes nos assemblées. Est-ce ma faute, ma mère, ajoutait-elle en affectant de minauder, si tous les hommages s'adressent à moi ?...

— » Non, sans doute, ma fille ; mais prends garde à ne point humilier tes compagnes. L'amour-propre blessé ne

pardonne jamais. Nous sommes négociants,
nous avons besoin de la bienveillance de
tout le monde... Si un revers venait à
nous atteindre... j'en frémis ! comme tes
rivales prendraient leur revanche !... »

Anaïs ne connaissait point la signification du mot *revers*. Elle croyait la fortune
de son père assise sur des bases inébranla-
bles : cependant celui-ci avait plusieurs
navires en mer ; c'était dans le temps de la
guerre avec l'Angleterre, dont toutes les
marchandises se trouvaient prohibées sur le
continent, et le moment d'une catastrophe
épouvantable s'approchait pour le négociant. Il faisait beaucoup d'affaires depuis
quelque temps avec une maison de Paris,
à laquelle il avait donné sa signature pour
une somme considérable. Au milieu d'une
de ces belles réunions si agréables à sa fille,
et dont elle faisait l'ornement, un inconnu,
qui venait d'être introduit dans les salons,
s'avance auprès de M. Désormeaux et lui

demande un entretien particulier, pour un motif qui ne souffre aucun délai. M. Désormeaux conduit l'étranger dans son cabinet. Là l'étranger lui remet un billet d'un de ses amis de Paris. M. Désormeaux l'ouvre, le parcourt, et se sent défaillir. Sa femme, devant laquelle il était sorti avec l'inconnu, l'avait suivi des yeux avec un trouble secret, tandis que sa fille ne songeait qu'à briller dans un quadrille où elle figurait.

UN MALHEUR.

Madame Désormeaux, ne voyant pas revenir son mari, s'avance avec inquiétude vers son cabinet, et y arrive pour être témoin du désespoir de son époux. « Nous sommes ruinés, nous sommes perdus sans ressource, s'écrie-t-il en lui tendant les bras ; M. D*** s'est enfui de Paris, en laissant un déficit de plusieurs millions ! Je serai obligé de rembourser tous ses billets...; toute notre fortune ne saurait y suffire!... »

L'épouse du négociant se sent atterrée par le coup qui la frappe, coup d'autant plus cruel qu'il était moins attendu. « Tout n'est peut-être pas désespéré, dit l'inconnu, ami du correspondant qui donnait à M. Désormeaux la fatale nouvelle. Si j'ai un conseil à vous donner, c'est de prendre à l'instant la poste, de voler à Paris pour y connaître au vrai la position de votre débiteur, et de courir ensuite sur ses traces; car tout le monde s'accorde à dire qu'il n'est pas parti les mains vides. » L'avis parut sensé; M. Désormeaux se rassura peu à peu. Sa femme s'efforça de prendre un air plus calme. Ils rentrèrent dans les salons, où tout respirait la joie et le bonheur.

Anaïs cependant, loin de prévoir tout son malheur, semblait avoir ce jour-là redoublé d'arrogance et de hauteur. Les grands airs qu'elle se donnait étaient autant de traits aigus qu'elle enfonçait dans le cœur de son malheureux père; et sa mère elle-même paraissait humiliée de ces airs si déplacés.

M. Désormeaux s'éclipsa au bout de peu d'instants, prit quelques effets, sortit sans bruit de son hôtel, suivi d'un fidèle domestique, et partit pour Paris dans une chaise de poste qui devait courir nuit et jour.

Les mauvaises nouvelles s'apprennent, dit-on, toujours assez vite. Les danses, toutefois, continuèrent jusqu'au jour; l'infortuné négociant était déjà bien loin quand elles cessèrent. Mais on avait remarqué son absence, et on en murmurait tout bas. Enfin, avant la fin du bal, le bruit circulait déjà dans l'assemblée que M. Désormeaux était parti, et qu'il allait faire

banqueroute ; les personnes invitées à sa
fête n'eurent point honte de le dénigrer
dans sa propre maison, et se firent un
cruel plaisir d'humilier Anaïs qui, troublée,
confuse, ignorant encore, mais pressentant
la ruine de sa famille, au moment où on se
retirait, alla se jeter dans les bras de sa
mère, en fondant en larmes.

Quelques heures à peine s'étaient
écoulées, pendant lesquelles madame
Désormeaux et sa fille reposèrent un peu,
lorsque des agents de l'autorité vinrent
signifier l'ordre qu'ils avaient de faire des
perquisitions dans tous les magasins du
négociant pour y saisir les marchandises
anglaises dont on le soupçonnait d'avoir un
dépôt caché.

Des envieux de la fortune du père, des
jaloux des avantages de sa fille, blessés de
sa hauteur et de ses dédains, s'étaient
vengés de l'un et de l'autre par une lâche
dénonciation.

On trouva bientôt ce qu'on cherchait, et la ruine de cette famille honnête devint complète en un instant.

On prit des informations ; on sut que M. Désormeaux avait demandé des chevaux de poste et était parti précipitamment : il n'en fallut pas davantage pour aggraver ses torts. Aussitôt mille contes absurdes furent débités sur le négociant qui, la veille encore riche et honoré, se croyait autant d'amis qu'il y avait de citoyens dans la ville, et qui maintenant se voyait abandonné, trahi de tout le monde.

Madame Désormeaux, accablée par l'adversité, ne pensait qu'à son mari et à sa fille : bonne mère, bonne épouse, elle oubliait sa propre situation, pour ne songer qu'aux êtres qui lui étaient chers.

LA NOURRICE.

Pendant que le sort préparait ainsi des épreuves cruelles au caractère d'Anaïs, pendant que son amour-propre avait à supporter des humiliations de tout genre, Charlotte, la bonne Charlotte, sa sœur de lait, la compagne de son enfance, sur les premiers bruits des malheurs de sa famille, accourait avec sa mère pour lui porter des consolations.

« Où est mon enfant? dit en arrivant la bonne paysanne tout en larmes; je veux la voir, je veux pleurer avec elle ! »

La mère Dubois, nourrice d'Anaïs, avait conservé dans la maison une sorte d'autorité maternelle, que madame Désormeaux lui laissa prendre en consi-

dération de la tendresse qu'elle portait à sa
fille.

La mère Dubois était devenue la compagne
d'un simple journalier; mais la conduite
honorable de ce journalier lui mérita
l'estime publique ; et l'emploi bien entendu
des dons que les deux époux reçurent de la
reconnaissante madame Désormeaux leur
permit, en peu d'années, d'acquérir une
petite ferme. Avec ce domaine, beaucoup
d'ordre, de l'économie, ils vivaient
contents, et leur fille complétait leur
bonheur.

Elevée pendant ses premières années
avec sa sœur de lait, Charlotte, douée du
plus heureux caractère et d'un cœur
excellent, était, comme ses parents, uni-
versellement aimée : elle avait, malgré la
vanité d'Anaïs, un attachement si vrai
pour elle, qu'elle eût volontiers sacrifié
sa propre félicité pour la rendre heureuse.

A la première nouvelle du désastre arrivé au négociant, la mère nourrice et sa fille accoururent pour offrir leur fortune, leurs soins, leur vie, s'il le fallait. C'est ainsi que ces braves gens s'annoncèrent à la famille Désormeaux, qu'ils trouvèrent dans la plus profonde tristesse.

« Allons, allons, madame, dit la paysanne, il ne faut pas ainsi vous désoler; Dieu est bon, il faut mettre sa confiance en lui. »

Pour toute réponse, madame Désormeaux s'approcha de la nourrice, et lui ouvrit les bras : la nourrice s'y jeta en sanglotant, pendant que Charlotte était tout occupée d'Anaïs, dont l'air sombre, abattu, offrait l'image de la mort.

Charlotte la contemplait en silence, et ses larmes inondèrent son visage. Anaïs avait l'œil sec, mais égaré.

« Madame, reprit la mère Dubois, vous ne pouvez rester dans l'état où vous êtes...., venez chez nous...., nous vous consolerons.

LA SŒUR DE LAIT.

» Oh ! ma bonne sœur, disait Charlotte, en prenant les mains de sa sœur de lait, ne restez plus ici, arrachez-vous à ce spectacle de douleur.... Viens, je te servirai.... Tout ce que j'ai est à toi..... je dis à vous, mademoiselle Anaïs. »

A ces mots, Anaïs fixe ses yeux inquiets sur la jeune villageoise.

« Oh ! Charlotte ! tu ne sais pas à combien d'humiliations je suis destinée !

— » Prenons courage, ma fille, répond madame Désormeaux ; tout n'est peut-

être pas perdu. Je vais rester : je le dois.
Pars avec ta nourrice. Ne sois plus témoin de toutes les horreurs qui nous
environnent. »

Madame Désormeaux, résignée à son
sort ; madame Désormeaux, dont l'âme
était grande et forte dans l'adversité,
voulut épargner à sa fille le spectacle
désolant qui l'attendait dans sa maison ;
elle la fit consentir, après bien des instances,
à suivre la bonne mère Dubois et sa sœur
de lait.

Elles se mirent en route, en silence, pour
leur village dont elles découvrirent le clocher
en quelques heures.

A l'aspect de cette campagne qu'em-
bellit la simple nature, de cette riante et
agreste vallée de Clisson, de la Sèvre,
resserrée en cet endroit par les rochers, et
qui coule dans un lit peu spacieux, mais

dont les bords sont remplis d'arbres, d'habitations, d'usines qui offrent le tableau vivant du travail, d'une modeste aisance et du bonheur, le visage des voyageurs s'épanouit, tandis que celui de la jeune Désormeaux se rembrunit de toutes les pensées qui la tourmentaient.

« Regarde, Anaïs, dit la nourrice, vois-tu là-bas notre maisonnette sur le penchant de la colline? Remarque bien le joli verger qui l'entoure de tous côtés, et ces grands peupliers au bord de la rivière, près du moulin, dont le *traquet* commence à se faire entendre. Tu étais bien petite quand tu vins pour la première fois chez nous; depuis, mon pauvre homme y a fait tant d'utiles changements que certainement tu n'y reconnaîtras plus rien.

— » Oh! pardonnez-moi, ma mère, ma sœur se rappellera facilement la grotte qui est dans le rocher, et où nous allions jouer

si souvent; les deux pruniers que mon père
a plantés tout auprès, dans le petit es-
pace que mademoiselle Anaïs appelait son
jardin.

— » Dame! c'est que ces pruniers, à
présent, sont de grands arbres! Vous en
mangerez les fruits....

— » Que dis-tu? j'en mangerai les fruits?
repart Anaïs avec humeur; penses-tu donc,
Charlotte, que je vais rester chez toi,
pendant toute la saison qui commence
seulement, pour avoir le plaisir de goûter
des prunes que je trouve en si grande
abondance à la ville? » *En soupirant :*
Quel lieu sauvage! Comment peut-on vivre
dans une campagne aussi isolée, sans société !....

— » Je conçois bien , not' fille, reprend
la mère Dubois, qu'ici tu n'auras pas tous
ces beaux messieurs et toutes ces belles

dames qui étaient sans cesse autour de toi à Nantes, et qui en voulaient plus à vos dîners et à vos divertissements qu'à...

— » Ma mère, interrompt Charlotte à demi-voix, ménagez-la...

— » Oui, ménageons son orgueil ; lui seul la rend sensible à son malheur; voilà tout. »

Charlotte prenant la main d'Anaïs :

« Ma sœur. nous allons descendre la côte, nous n'avons plus qu'un bout de chemin pour arriver... »

La triste Anaïs ne répond rien. Elle sort de la carriole qui l'avait amenée, et suit silencieusement sa nourrice et sa sœur de lait, en répétant tous bas : « Quel pays désert et affreux ! Quel horrible exil ! »

LE VILLAGE.

Bientôt on arrive près de l'habitation rustique de Dubois... Un brave chien fait entendre ses aboiements et accourt à ses maîtresses... Il est suivi de près par un villageois d'environ quarante-cinq ans, en habit de travail, qui tient d'une main une bêche, tandis que de l'autre il ôte son bonnet... Une grosse servante l'accompagne...

En les voyant, le cœur d'Anaïs se serre de plus en plus. A peine répond-elle aux compliments pleins de cordialité et de franchise que lui adresse son père nourricier.

Ce brave homme, tant heureux de revoir sa femme et sa fille, et non moins iuquiet de savoir ce qu'il y a de vrai dans les bruits sinistres qui l'ont affligé, multiplie les embrassements et les questions.

« Tu sauras tout, lui répond la nourrice ; allons au plus pressé. La chambre de notre demoiselle est-elle prête ?

— » Oui, ma bonne femme ; à tout hasard, j'ai arrangé celle qui donne sur la vallée : c'est la plus avenante de la maison. Tous les matins notre chère enfant entendra le ramage des milliers d'oiseaux qui viennent s'y réjouir.

— » Oh ! ma sœur, s'écrie Charlotte, tu auras... » elle se reprend, « vous aurez, de vos croisées, la plus jolie vue du monde...

— » Oui, dit Anaïs, avec un air sombre, je le vois, je serai là dans un isolement complet...

— « Oh ! que non, que non !

— « Ma fille, reprend la bonne nourrice, nous serons avec toi quand et tant
que tu voudras. Ensuite, est-ce que tu
ne t'occuperas pas?... Si tu veux lire,
Charlotte a des livres, vois-tu, des
livres que M. le curé, qui est un
brave homme (tu le verras) dit très
bons pour une jeune personne; tu
pourras aussi coudre, broder... Enfin tu
passeras le temps le mieux qu'il te sera
possible.

— » Oui, ma sœur, ajoute Charlotte,
tout le monde ici s'empressera de te
distraire... Je te servirai avec zèle et avec
affection... comme une bonne sœur, et je
serai toujours avec toi, près de toi... si
tu le veux bien; je veux dire, si vous le
voulez... »

Anaïs, s'efforçant de sourire : « Je sais

que tu as un bon cœur;... que ma nourrice m'aime!... mais, hélas! quelle différence de position !

— » Tout s'arrangera pour le mieux, répond la nourrice; ainsi point de chagrin. Voilà notre maison. »

Dans cet instant ils arrivèrent à l'habitation du villageois. La grosse fille et le valet qui conduisait la carriole se hâtèrent d'en descendre ce que la prévoyance de madame Désormeaux y avait fait placer à la hâte pour sa fille.

CONTENTEMENT PASSE RICHESSE.

Anaïs est bientôt installée dans une jolie chambre. Tout y était de la plus grande propreté. On y avait placé un lit de bois de noyer, avec des rideaux de serge verte, des chaises de paille, une

grande glace de Venise, et une petite table pour servir de toilette : la croisée était
garnie de rideaux blancs comme la neige;
une vigne, dont les sarments couraient
sur le toit, ornait et ombrageait cette
croisée en dehors; une quantité de pois
de senteur, plantés au-dessous, répandait
au loin une odeur délicieuse; le bois dont
a parlé le nourricier se trouvait non loin
de là; un peu plus bas, au pied de la côte,
coulait la modeste rivière au milieu des
rochers; les arbres qui ombrageaient ses
bords en faisaient une promenade charmante. La maison du père Dubois, son
site romantique, la solitude qui l'entourait, parurent à Anaïs un lieu si triste,
que des larmes vinrent, malgré elle,
inonder son visage. Charlotte, restée seule
auprès de sa sœur, tandis que ses parents
s'occupaient du ménage et du dîner, eut
toutes les peines du monde à la calmer.

« Il t'est bien facile, disait Anaïs à

Charlotte, de trouver beau ce vilain pays. Tu y a presque toujours vécu ; habituée au travail, à des vêtements simples, à la seule société des paysans,... tu ne désires rien de plus !... Mais moi, élevée dans l'opulence, accoutumée à n'avoir pas un désir qui ne fût à l'instant satisfait ,.... changeant de parure chaque jour, ayant sans cesse autour de moi une société choisie qui me trouvait...

— » Belle, n'est-ce pas ? qui continuellement, par ses discours faux et trompeurs, enflait ton orgueil, flattait ta vanité... Oh ! ma sœur, qu'il est doux d'être aimé pour soi ! Ici tu n'auras point de flatteurs, mais des amis vrais, sincères, dévoués !... Sois donc raisonnable et ne t'afflige pas ainsi ; songe bien plutôt dans ce moment à tous les chagrins de ton pauvre père, à ceux de ta tendre mère.

— » Tu as raison, Charlotte, les mal-

heurs de ma famille doivent seuls m'occuper. Je ne dois plus penser aux parures,
à un monde trompeur. Nous sommes
peut-être ruinés pour toujours ; que sait-
on ?... »

La première journée que passa Anaïs
chez sa nourrice lui parut bien longue,
bien ennuyeuse ;... elle ne pouvait se
faire à l'idée de son changement de
fortune, et toutes les distractions qu'on
cherchait à lui procurer manquaient leur
but.

Les beautés de la nature n'avaient aucun charme pour elle. Toutefois Charlotte ne la quittait pas ; sa prévoyance,
ses attentions délicates, ne lui laissaient
pas un souhait à former. Sa chambre, toujours propre, était ornée de fleurs ; ses
repas, servis avec un soin, des égards
qui, dans son malheur, devaient flatter
sa vanité et faire diversion à ses peines.

LA FÊTE VILLAGEOISE.

Une fête villageoise eut lieu le dimanche qui suivit l'arrivée de mademoiselle Désormeaux chez la nourrice ; Charlotte s'y rendit parée de ses plus beaux habits et accompagnée de ses parents.

Anaïs, pour ne pas rester seule, fut obligée de les suivre. Elle avait aussi fait une toilette remarquable. Son amour-propre aurait trop souffert de se montrer en négligé, un dimanche, au milieu de l'allégresse publique. D'ailleurs sa vanité était flattée qu'on la prît pour une grande dame.

La fête se tenait dans la forêt voisine. On entendait au loin les cris joyeux des danseurs, le son des instruments champêtres ; et, en approchant, on respirait.

avec l'odeur des fleurs printanières,
celle des cuisines que les paysans avaient
établies dans les allées du bois. On voyait
les broches tourner, des flots de vin
couler; les chants agrestes des bons
campagnards, que les échos répétaient,
annonçaient partout la santé, la joie et le
bonheur. Une foule considérable se pressait dans tous les sens autour des mar-
chands forains, des tables des buveurs,
des quadrilles des danseurs et des jeux
de toute espèce qu'on rencontrait à chaque pas dans la forêt. Ce spectacle d'une
population heureuse avait de quoi faire
palpiter le cœur le moins susceptible
d'émotions.

Cependant Anaïs, tout entière à ses
souvenirs de la ville, ne prit aucun plaisir
à la fête, et remarqua qu'il ne s'y trouvait que des paysans endimanchés et
des ivrognes. Charlotte, au contraire, se
divertit beaucoup; elle dansa avec de

jeunes villageois, et on remarquait dans tous ses mouvements la gaîté, l'abandon d'un cœur honnête et pur. Pendant que tout le monde s'amusait, Anaïs bâillait et s'ennuyait auprès de sa nourrice, qui n'avait pas voulu la quitter, tandis que son mari buvait le petit coup sous la feuillée avec ses amis.

Cette journée, qui aurait offert mille agréments à toute autre qu'Anaïs, lui devint insupportable. Le bonheur d'autrui avait pour elle quelque chose de pénible ; et quand Charlotte lui avoua ingénument, le soir, combien elle s'était divertie à la fête, la fille du négociant lui répondit, avec un air de dédain, « que des plaisirs aussi grossiers que ceux qu'elle avait vus n'étaient faits que pour les gens du peuple. »

Madame Désormeaux écrivait tous les jours à sa fille, et celle-ci éprouvait de

plus en plus les ennuis de sa solitude,
malgré les attentions soutenues de ses
hôtes, qui se dérangeaient continuellement de leurs travaux pour lui tenir
compagnie. Toutefois l'isolement d'Anaïs,
qui n'offrait aucune jouissance à sa vanité,
la força bientôt à se créer des occupations
qui pussent lui faire trouver le temps un
peu moins long.

En arrivant chez sa nourrice, les
bonnes gens la servirent dans sa chambre.

Charlotte était pour elle une espèce de
domestique toute dévouée. Ces honneurs,
ces déférences qu'on avait pour son
malheur, ou plutôt pour son orgueil que
sa nourrice voulait ménager, en l'isolant
davantage, lui firent désirer un peu de
société, et la rendirent moins dédaigneuse
dans le choix des personnes. Elle pria
d'abord Charlotte de lui tenir compagnie

au déjeuner ; ensuite elle l'admit à son dîner ; enfin, elle en vint à demander d'elle-même aux villageois à n'avoir plus qu'une même cuisine et à prendre ses repas avec eux. La bonne nourrice s'excusait ; jamais elle n'eût osé, sans sa permission, s'asseoir à la même table que sa *demoiselle*, ainsi l'appelait-on chez le père Dubois.

L'orgueilleuse Anaïs, qui voyait encore, dans cette modestie des bons villageois, des égards pour sa vanité, voulut absolu- qu'on la satisfît sur ce point.

La sensible Charlotte en fut très contente, parce qu'elle prévoyait que sa sœur de lait serait beaucoup plus heureuse si, modérant insensiblement son amour-propre excessif, elle pouvait se familiariser avec sa mauvaise fortune, et ne plus s'effrayer du changement de sa situation.

Enfin Anaïs, qui ne manquait ni d'esprit ni de jugement, sécha tout doucement ses pleurs et se fit une loi de la nécessité. Elle sentit que l'orgueil des parures, la vanité d'un rang qu'on n'acquiert que par la naissance ou la fortune, et que l'on ne peut soutenir qu'avec la richesse, sont des ridicules lorsque cette même fortune nous abandonne.

RÉSIGNATION PÉNIBLE.

Anaïs prit donc son parti et se résigna à sa nouvelle position. Alors elle put envisager avec plus de calme les infortunes de sa famille et songer à son avenir sans être si effrayée. Ses journées lui parurent moins longues quand elle les employa mieux, et que son chagrin s'adoucit. Sa correspondance avec sa mère, la lecture, le dessin, la promenade et quelques ouvrages de broderie occupèrent tout son temps. Sa fidèle amie, sa sœur de lait, qui l'accompagnait dans ses courses, parvint graduellement à lui faire goûter les douceurs et le charme de la vie champêtre. Assises toutes les deux sous un rocher qu'ombrageait un vieux chêne au bord de la Sèvre, tantôt elles suspendaient leur couture pour prendre un volume de madame de Sévigné, dont la fille de madame Désormeaux lisait quelques lettres, ou bien Anaïs dessinait les sites pittoresques qui se trouvaient sous leurs yeux

D'autres fois une conversation sérieuse s'établissait sur le bonheur.

« Il n'en est plus pour moi, disait Anaïs. Mon père est ruiné; obligé d'errer loin de sa patrie, nous ne le reverrons plus. Ma malheureuse mère, après avoir lutté contre l'adversité, va tout abandonner, m'écrit-elle, à des créanciers avides qui, loin de nous montrer la moindre indulgence dans la détresse où nous sommes, accusent encore mon père d'infidélité et de fraude. Ainsi, après avoir perdu nos richesses, nous perdrons encore l'honneur. A mon âge, à seize ans...... Quel avenir!...... Ah! Charlotte! que j'envie ton sort!....... Née au village, accoutumée dès l'enfance à vivre de peu, à des ajustements simples comme ton âme....., un revers ne pourrait t'atteindre! tu serais toujours assurée de te suffire... Ton amour-propre ne souffrirait point si tu étais forcée de gagner ta vie, comme l'ont fait tes parents, par le travail de tes mains; mais moi, que puis-je faire sans fortune!......, mourir! »

Elle prononça ces derniers mots avec une sorte d'angoisse.

« Vous n'avez donc plus de confiance

en Dieu ?.... reprenait sa sœur de lait, en l'embrassant tendrement. Songez donc, mademoiselle, ainsi que je l'ai entendu dire cent fois à notre bon pasteur, et que je l'ai lu dans des livres, que la Providence ne nous abandonne jamais, quand nous avons placé notre confiance en elle!........ Comment pourriez-vous être malheureuse d'ailleurs? Vous possédez beaucoup de talents, dit-on; hé bien! vous les ferez valoir. Vous ne seriez pas la première dame qui aurait employé les ressources de la belle éducation que ses parents lui auraient donnée dans la prospérité, à les nourrir dans le malheur... Il faudra mettre tout votre orgueil de côté pour ne montrer que votre cœur....

— » Ah! Charlotte, que tu me comprends bien!..... Oui, je ferai, s'il se peut, abnégation de moi-même, pour ne songer qu'à ma vertueuse mère,... à mon père.... Mais je ne saurais jamais faire

usage des talents qui me faisaient remarquer dans le monde, pour en tirer un
salaire. Non, je ne pourrai point m'y résoudre.

— » Cependant, si vous n'aviez pas
d'autres ressources, si votre père, votre
mère, l'exigeaient... ou, pour mieux dire,
si leur situation et la vôtre vous en faisaient
un devoir...

— » Ah! ma sœur, n'achève pas, tu me
fais frémir! »

C'est ainsi que cette malheureuse enfant, élevée dans la mollesse, possédée
d'une vanité que la fortune et la faiblesse
de ses parents avaient encouragée, ne pouvait s'accoutumer à l'idée de se livrer à un
travail utile.

L'éducation de l'esprit, dans la vie
privée, ne suffit pas pour être heureux;

il faut y joindre celle du cœur. Nous arrivons dans le monde avec plus ou moins de de vertus naturelles. Celles qui regardent les devoirs que nous avons à remplir réciproquement dans la société peuvent se maintenir et se perfectionner par les bons exemples, en réprimant à propos les vices contraires. On ne peut pas supposer qu'un enfant naisse avec un mauvais cœur. Ses habitudes seules peuvent le lui gâter.

Si les personnes chargées de surveiller Anaïs avaient toujours, dès son enfance, réprimé sagement tous les mouvements de sa vanité naissante, aujourd'hui elle trouverait tout simple de travailler pour ses propres besoins, ou pour aider à ses parents; car chacun a sa tâche sur la terre, depuis le plus faible insecte qui cherche péniblement sa nourriture, jusqu'au roi des animaux qui n'obtient point sa pâture sans peine et sans péril. L'homme, la plus parfaite image du Créateur, en entrant dans la vie, n'a-t-il pas été condamné à travailler pour soutenir son existence? Pas un de nous ne doit rester oisif. Nous devons tous nous occuper plus ou moins, suivant notre situation, nos besoins, nos facultés. Celui qui est fortuné, comme celui qui est réduit à l'indigence, doit employer son temps et le rendre utile à lui-même ou aux autres.

Dieu a commandé le travail à l'homme, et notre santé, nos devoirs sociaux, nos besoins physiques, en font une loi sacrée. Les parents doivent donc de bonne heure accoutumer les enfants à un travail gradué qui élève l'âme, remplit le cœur, occupe l'esprit, l'orne, l'amuse, et prépare ainsi peu à peu, pour l'avenir, des habitudes nécessaires que dans l'âge mûr ils sauront apprécier, et qu'ils aimeront encore dans leur vieillesse.

La solitude dans laquelle vivait Anaïs

depuis quelques mois lui suggérait ces réflexions, que ses lectures et ses conversations avec sa sœur de lait fécondèrent bientôt.

L'automne approchait ; madame Désormeaux était venue seulement une fois voir sa fille chez sa nourrice. Elle l'avait vue en quelque sorte résignée à un sort qu'elle regardait quelques mois auparavant comme bien rigoureux.

Madame Désormeaux arrive un jour à l'habitation de Dubois avec un air beaucoup plus riant, plus calme. Après avoir embrassé Anaïs avec une effusion de cœur qu'elle n'avait pas toujours, comme elle ne cachait rien à la nourrice, ni au mari, ni à sa fille, elle leur apprend qu'enfin elle touche au terme de ses maux ; que ses créanciers se sont emparés de tout ce qu'elle possédait à Nantes, mais que l'avoir de sa maison pouvant suffire à solder tout ce que son mari devait, s'ils perdent leur fortune, au moins l'honneur leur restera. C'était une faible consolation sans doute ; mais une âme bien née en trouve toujours à remplir son devoir.

« Eh ! qu'allons-nous donc devenir ! s'écria Anaïs.

— » Hélas ! ma fille, notre situation est bien triste, sans doute ; ton père est passé en Amérique, à la poursuite de son débiteur, ayant toujours l'espérance de l'atteindre et d'en obtenir quelque chose. Regarde, lui dit-elle, en présentant un papier, ce qu'il m'écrit de Rotterdam, où il s'est embarqué. »

Anaïs, en tremblant, ouvrit la lettre de son père, et lut ce qui suit :

« Ma chère femme, je connais toute l'horreur de ta position. J'ai le cœur dé-

chiré en songeant surtout au désespoir de
notre chère enfant. Dis-lui bien que vous
êtes au monde les seules et uniques personnes qui occupent constamment ma
pensée. Si je n'avais l'espoir de me rap-
procher de vous, et de rendre au bonheur
deux êtres que je chéris plus que ma vie,
je prierais Dieu de mettre un terme à mon
existence, qui ne peut avoir aucun charme
pour moi sans ma femme et ma fille. J'ai
retrouvé les traces de mon débiteur; il
s'est embarqué, il y a peu de jours, pour
la Nouvelle-Orléans. Je le suis à la piste,
et m'embarque aussi après lui, sur un
navire américain qui fait voile à l'instant
pour la Louisiane, où je le rejoindrai in-
dubitablement. Mes pressentiments me
disent que tant de peines et de soucis seront couronnés d'un heureux succès. Embrasse pour moi mon Anaïs, et croyez
bien l'une et l'autre que rien au monde ne
pourra me séparer de vous. »

Cette lettre , que la fille de M. Désormeaux ne put lire sans l'arroser de ses larmes , en fit verser à toute la famille de la
nourrice.

« Ah ! madame , dit Dubois à madame
Désormeaux, que vous avez là un brave
homme de mari ! je l'ai toujours dit, et
j'en suis sûr , il reviendra ; oui , il reviendra , j'en ai la pensée , ne serait-ce que
pour faire taire toutes les mauvaises lan-
gues qui parlent mal de lui. »

Sa femme et sa fille l'en assurèrent
aussi , dans les termes du désir et de l'affection la plus touchante.

Anaïs , accoutumée à la vie paisible des
champs , plus tranquille sur le sort de son
père , avait perdu cette fierté orgueilleuse
qui la faisait haïr et craindre de ce qui
l'entourait aux jours de son opulence ,
quand il lui eût été si facile de se faire

aimer. Elle devait cette métamorphose à la douceur angélique de sa sœur de lait, à ses soins pleins de bienveillance et de dévouement.

Madame Désormeaux demeura un mois avec sa fille. La ville n'offrait plus aucun attrait à cette dame; tous ses amis, ses parents même, lui avaient montré combien ils étaient peu sensibles à son malheur. Il ne lui restait rien de toute sa fortune que quelques bijoux que l'avidité de ses créanciers avait respectés. Madame Désormeaux proposa à sa fille de rentrer à Nantes avec elle.

« Nous n'avons point le moyen, quant à présent, lui dit-elle, de former, je ne dirai pas une maison, mais un ménage. Nous nous mettrons dans un pensionnat de jeunes demoiselles en attendant que nous ayons d'autres nouvelles de ton père. Peut-être que, pour diminuer le prix de notre pension, on voudra bien te faciliter les moyens d'y enseigner, soit la musique, soit le dessin. »

Ce parti répugnait beaucoup à Anaïs; malgré sa résignation, elle était encore humiliée, en songeant qu'elle serait obligée de donner des leçons pour diminuer les frais de leur nourriture. « Eh! pourquoi, dit la bonne nourrice, vous inquiéter d'un domicile? Si vous ne craignez pas d'être trop mal ici, restez-y tout le temps que M. Désormeaux sera absent. Vous êtes bien assurées que chez nous tout vous est dévoué, que vous pouvez y faire tout ce que vous voudrez. L'hiver, il est vrai, n'y est pas aussi agréable que l'été; mais avec un bon feu, une chambre close et de bons aliments, vous y serez aussi commodément qu'à la ville. »

Charlotte et son père se joignirent à la mère Dubois. La femme du négociant hésitait ; Anaïs se jeta dans les bras de sa nourrice ; elle embrassa en pleurant sa sœur Charlotte, et il fut décidé que la mère et la fille passeraient tout le temps de l'absence du négociant chez les bons villageois ; mais madame Désormeaux y mit une condition : c'est qu'elle payerait une pension ; et elle exigea que Dubois allât, dès le jour même, à la ville, vendre un diamant dont elle voulut qu'il gardât le prix pour leur dépense et l'achat de quelques objets que la mère d'Anaïs désirait. Dubois ne contraria point ses hôtes. Cet homme avait une élévation de sentiments que son habit grossier ne faisait que rehausser ; il accepta sans murmurer ce qu'on lui offrait ; mais il s'en servit pour embellir l'appartement de ses *maîtresses*, ainsi qu'il les appelait. Elles furent à merveille tout l'hiver ; et leur seule société fut celle du curé de l'endroit, dont l'esprit droit, la dévotion simple et pure, leur parut une nouvelle providence envoyée pour les consoler dans leur malheur.

Aucun nuage ne venait troubler la sérénité d'Anaïs. Constamment auprès de sa mère, de sa nourrice et de sa sœur de lait, elle ne songeait plus à la ville, que sa vanité lui fit regretter dans le commencement de son séjour au hameau.

Les occupations qu'elle s'était créées remplissaient tous ses moments; elle ne connaissait plus l'ennui.

L'hiver s'écoula dans le bonheur d'une vie paisible, et les beaux jours revinrent avec l'espoir d'embrasser bientôt le père de famille si désiré.

M. Désormeaux écrivit qu'il avait joint enfin son débiteur à la Nouvelle-Orléans; que celui-ci, frappé comme de la foudre à son aspect, s'était vu forcé de consentir à partager avec lui ce qu'il avait emporté (1) ; que, par un bonheur inespéré, un de ses navires se trouvait de relâche dans le port, n'osant pas se hasarder à mettre en mer, dans la crainte d'être pris par les Anglais ; qu'il s'occupait à en vendre la cargaison ; que le prix de cette cargaison, joint à ce que son débiteur lui avait rendu, le mettrait dans une situation convenable, et qu'il comptait s'embarquer sur un vaisseau neutre pour la France, avec tout ce qu'il possédait. Il invitait son épouse, en attendant, à convoquer ceux de ses créanciers qui n'étaient pas encore satisfaits, parce que, à son retour, il espérait s'acquitter avec tous.

Madame Désormeaux, en femme prudente, ne voulut rien ébruiter de la situation actuelle de son mari, dans la crainte que quelque nouveau malheur ne l'empêchât d'arriver. Anaïs se livrait à toute sa joie :

(1) Ce trait est historique.　　　(Note de l'Auteur.)

« Je vais donc revoir mon père ! disait-
elle ; le presser sur mon cœur !... » et de
douces larmes coulaient de ses yeux. Il
semblait que la présence de l'auteur de ses
jours allait la faire renaître à une nouvelle
vie. Toute la famille de la nourrice était
aussi dans l'enchantement. M. Désormeaux
avait appris, avec un sentiment bien vif
de reconnaissance, les obligations dont il
était redevable à ces braves campagnards.

LE BON PÈRE.

Le mois de mai arriva, et avec lui un
navire américain qui débarqua bientôt
M. Désormeaux à quelques lieues de Nantes, après une année d'absence, pendant
laquelle ses malheurs avaient totalement
changé le caractère de sa fille. Le négociant se hâta de voler dans les bras de
tout ce qu'il avait de plus cher au monde.
Il revint ensuite à la ville. Son premier

soin , en rentrant à Nantes , fut d'instruire
ses concitoyens, par les papiers publics,
de sa conduite, de son retour, et de son
désir d'acquitter tous les billets endossés
par lui et en circulation, s'il en existait
encore. Une conduite si noble et si vertueuse lui rendit tous les cœurs. La sen-
sibilité de quelques parents et de quelques
amis se réveilla; ils crurent faire merveille
en courant chez le nourricier y chercher
sa femme et sa fille, qu'ils amenèrent à la
ville , comme en triomphe, dans les bras
du négociant. Que cette réunion fut touchante!... La famille Dubois n'avait point
quitté ses hôtes. Madame Désormeaux, en
revoyant son mari au milieu de la foule
qui les entourait, lui montra ces bons
villageois, et lui dit : « Voilà nos vrais
amis, nos consolateurs. Ceux-là ne nous
ont point abandonnés au jour du malheur. »

Telle fut la récompense publique d'une

famille honnête, et le châtiment des mauvais cœurs qui en furent les témoins. Anaïs était fière, mais c'était de montrer à tout le monde sa sœur de lait comme sa plus fidèle amie.

M. Désormeaux, après avoir rempli tous ses engagements, se trouva maître d'une fortune encore considérable. Sa fille que l'adversité avait complément corrigée, revenue de toutes ses idées de grandeur, épousa, quelques années après, un négociant estimable, ami de sa famille, et qui la rendit parfaitement heureuse.

Charlotte devint aussi, à la même époque, la femme d'un bon agriculteur. Les deux sœurs ne manquaient jamais de se voir tous les jours où les affaires de Charlotte la conduisaient à la ville ; une douce familiarité, que la reconnaissance avait préparée d'avance, s'établit insensiblement entre elles, et ne cessa plus ; tant il est vrai qu'un *bon cœur* finit toujours par triompher de *l'amour-propre !*

Quant à M. Désormeaux, on ne parlait jamais de lui à Nantes, sans le citer comme le modèle des négociants et des bons pères de famille.

III

JULIE ET VICTOIRE

OU

ÉGOÏSME ET BIENFAISANCE.

JULIE ET VICTOIRE.

« Julie ! Julie ! criait depuis un instant madame Dillon à l'une de ses filles, viens donc ! M. Jauffret est ici, il t'apporte les livres qu'il t'a promis (1). »

A ces mots, Julie arriva et reçut les volumes en remerciant le bibliothécaire de

(1) C'est en 1826 que se passait la scène.
(N. de l'auteur.)

la ville, ami de son père, qui avait la bonté de lui prêter de temps en temps quelques ouvrages intéressants, dont la lecture tournait toujours au profit de son éducation.

Madame Dillon habitait un petit appartement bien modeste, dont les croisées donnaient sur le port de Marseille. Son mari, capitaine au long cours (1), était esclave à Alger depuis près de deux ans avec son fils; ils avaient été pris au commencement de la guerre entreprise contre cette régence barbaresque (2).

(1) Capitaine au *long cours* veut dire capitaine de la marine marchande. Ce sont des négociants-armateurs, propriétaires de navires, qui les emploient, en les désignant pour commander leurs bâtiments; les autres capitaines et officiers de la marine royale sont nommés par le gouvernement.

(2) On nommait autrefois *régence barbaresque* les gouvernements des villes de *Tunis*, *Tripoli* et *Alger*, qui étaient, et dont les deux premiers sont encore, sous le despotisme d'espèces de souverains relevant

M. Dillon conduisait son bâtiment chargé de marchandises dans un port du Levant (1) ; un des vaisseaux corsaires du dey l'aperçut. Hors d'état d'opposer la moindre résistance, il fut obligé de se rendre. Depuis cette époque, demeurés esclaves à Alger, le père et le fils étaient employés tous les deux dans le port.

Madame Dillon, restée seule avec ses deux filles, Julie et Victoire, qui avaient l'une quatorze et l'autre quinze ans, vivait fort modestement, obligée de subvenir par son travail à la médiocrité de sa fortune ; car l'esclavage de son mari lui avait

du *grand-seigneur* ou empereur des Turcs, et qu'on appelle *deys*. Il faut remarquer qu'il n'y a plus maintenant de *dey d'Alger*, puisque cette *régence* et *tout son territoire* ont été conquis, en 1830, par les Français, qui en sont à présent possesseurs.

(1) *Port du Levant,* c'est-à-dire un des ports dépendants du grand-seigneur, et ceux occupés actuellement par les Grecs modernes, dans la Morée, etc.

enlevé presque toutes ses ressources. Madame Dillon espérait chaque jour que la paix avec Alger, ou quelque autre circonstance, briserait les fers de son époux, et le rendrait à son amour et à celui de ses enfants.

Cependant les jours, les semaines et les mois s'écoulaient, sans qu'aucun événement vînt changer leur position. Ses filles faisaient sa seule consolation. Il s'en fallait cependant de beaucoup que ces deux enfants se ressemblassent. Julie ne communiquait point facilement ses pensées ; sa mère n'était pas toujours l'objet de ses attentions et de ses soins. Travaillant fort bien à toute espèce de jolis ouvrages à l'aiguille, elle amassait quelque argent ; mais son égoïsme était tel que jamais sa mère ne recevait la plus petite partie du fruit de son travail. Tout ce que Julie gagnait, elle le gardait pour elle-même, ne s'occupant que de sa per-

sonne , sans s'inquiéter si sa mère était
heureuse ou malheureuse , et si sa sœur
ne manquait de rien.

Julie ne songeait à la captivité de son
père et de son frère que lorsqu'on en
parlait, et se contentait de dire alors :
« C'est bien fâcheux ! c'est bien malheureux ! » sans penser à adoucir leur sort ou
à le faire changer. La jeune fille était logée
et nourrie chez sa mère ; et malgré le peu
de fortune de celle-ci, elle ne lui aurait
jamais offert un centime dans l'occasion : au contraire , Julie évitait toujours
d'être présente lorsque madame Dillon
réglait ses comptes de ménage ou faisait
des emplètes , craignant sans doute qu'elle
ne lui fît quelque emprunt. Les personnes
qui lui devaient de l'argent , disait Julie ,
ne la payaient pas ; elle ne pouvait placer
ses ouvrages, ou les vendait à vil prix.
Cependant cette fille égoïste ne se refusait
rien ; sa parcimonie la rendait même soi-

gneuse et économe. Si un pauvre se rencontrait sur son passage et lui demandait l'aumône, elle le rudoyait avec humeur, ne l'assistait point, et lui disait de travailler.

LA BONNE FILLE.

Sa sœur Victoire tenait une conduite tout opposée : bienfaisante par caractère, naturellement sensible et mélancolique, elle ne songeait au travail et ne redoublait d'ardeur que dans l'espoir que son gain serait utile à son père et à son frère dans leur détresse. Sa générosité, malgré la modicité de ses moyens, n'avait point de bornes; et bien différente de sa sœur, dès que sa mère faisait quelques achats en sa présence, elle était la première à lui offrir sa bourse. Son talent en peinture, surtout pour des tableaux de marine, représentant les nouveaux bâtiments que l'on

construisait, et que les armateurs se plai-
saient à faire peindre par la bonne Victoire, lui rapportait d'assez jolies sommes.
Au reste, les deux sœurs avaient reçu une
honnête éducation, et la nature, sans les
douer d'une grande beauté, ne les avait
pas dépourvues d'agréments. Madame
Dillon recevait chez elle quelques parents
et amis de son mari, qui venaient parfois,
les jours de repos, l'arracher, ainsi que ses
filles, à leur solitude, qu'elles ne quittaient
pas de la semaine. M. Droz, un des plus
riches armateurs de Marseille, celui-là
même sur le bâtiment duquel son mari
avait été pris par les Algériens, la voyait
assez souvent et l'exhortait à la patience.
Ce digne négociant faisait passer de temps
à autre quelques petits secours aux infor-
tunés marins par l'entremise du consul
anglais.

Les demoiselles Dillon vivaient, comme
on le voit, et surtout à raison de leur

peu de fortune, assez retirées. Cependant on allait de temps en temps, le dimanche matin, à la *Réserve* (1), dans l'un de ces canots qui attendent les promeneurs au port, le long des quais; on s'y rendait avec quelques amies ou des parents de la maman; ou bien, lorsque le vent n'était pas trop fort, on longeait la côte opposée, en face du rivage, en côtoyant les murs du Lazaret (2), et on arrivait, après trois

(1) Cet endroit est à l'entrée du port, du côté de la mer. On s'y rend en partie de plaisir pour manger des coquillages et du *bouyabesse*, sorte de soupe au poisson de mer. Le monticule assez élevé qui domine cette partie de la côte, où se sont établis, en amphithéâtre, plusieurs restaurateurs, offre un très beau point de vue.

(2) C'est un bâtiment considérable, enclos de murs de tous côtés, où les équipages des vaisseaux qui arrivent du Levant et des lieux suspectés de la peste font *quarantaine*; c'est-à-dire qu'ils demeurent dans cet espèce d'hôpital, où on leur fournit tout ce dont ils ont besoin, pendant le temps voulu par les lois *sanitaires*, après quoi ils en sortent et circulent librement où ils veulent.

quarts d'heure de traversée , au lieu qu'on appelle *Château-Vert* (2), où de nombreuses sociétés se rassemblent les jours de fête. On y prenait en famille un repas frugal, que la franche gaîté rendait délicieux. On pensait aux prisonniers , on en parlait beaucoup; on se flattait de les revoir : chacun faisait des vœux pour leur prompt retour ; et, comme on croit facilement ce qu'on désire, l'espoir de leur prochaine délivrance inspirait une joie que semblait interdire leur malheur présent. Julie et Victoire , dans ces réunions où se trouvait toujours leur mère , faisaient ressortir la différence de leur caractère. Julie n'aurait pas donné au marin qui les conduisait la plus légère gratification,

(2) Cette maison , de la terrasse qui est au premier, offre une vue superbe sur la mer, dont l'étendue, de ce côté , est immense. On va en partie de plaisir à *Château-Vert*. Les petits batelets qui vous y conduisent vous ramènent à Marseille si vous voulez : le trajet peut être de trois quarts d'heure.

8..

tandis que sa sœur ne sortait jamais du
canot sans glisser furtivement sa petite
offrande dans la main du rameur. La mère
les menait aussi quelquefois par dévotion
à Notre-Dame-de-la-Garde (1).

Victoire n'entrait point dans les cha-
pelles sans y prier Dieu pour son père et
pour son frère ; et jamais elle ne rencontrait un pauvre sur la route sans lui
faire l'aumône à leur intention. Il arrivait
aussi quelquefois que la famille allait
passer le dimanche dans une bastide (1)
appartenant à une vieille parente de la

(1) Notre-Dame-de-la Garde est située sur un rocher
élevé qui domine Marseille : il y a là un fort, et une
église qui était anciennement renommée par les
vœux que lui adressaient en mer les marins, lorsqu'ils étaient en danger de périr. Du rocher où est
bâtie Notre-Dame-de-la-Garde on jouit de la vue de
toute la ville de Marseille, de ses environs, de son
port, et du beau coup d'œil de la mer.

(1) Une *bastide*, à Marseille, et une petite maison
de campagne qui n'est le plus souvent composée

mère. Là, à l'ombre d'un figuier et d'un grenadier, elles s'entretenaient de leurs malheurs. Julie brodait pour ne point perdre de temps, tandis que sa sœur esquissait quelque navire dont on lui avait commandé le dessin. C'est ainsi que ces trois infortunées passaient leur vie, flottant entre la crainte d'une absence éternelle et l'espérance de revoir bientôt des êtres qui leur étaient si chers.

On était au mois de juin ; à cette époque, la Fête-Dieu, à Marseille, est une solennité des plus brillantes. Jamais, en aucun lieu de France, on ne déploie à cette auguste cérémonie un appareil plus imposant et plus religieux. Chacune des paroisses de la ville a son jour pour chô-

que d'une chambre, avec un très petit jardin. On compte environ sept mille de ces *bastides*, placées en amphithéâtre en face de la ville. Les moindres particuliers ont leur *bastide*, où ils vont faire la *sieste* et se récréer, principalement le dimanche.

mer cette fête. Toutes les rues où la procession passe sont décorées des tapisseries et des étoffes les plus magnifiques; un nombreux clergé et les différents ordres religieux se joignent au cortége, où figurent toutes les autorités, et aussi toutes les confréries de la ville, ayant chacune sa musique en tête. On y voit des pénitents (1) *blancs, noirs, bruns, gris, rouges, bleus, violets,* etc. Ces divers pénitents sont au nombre de plusieurs milliers; et les dais somptueux, les croix brillantes d'or et d'argent, les superbes bannières, les femmes élégantes qui accompagnent ou suivent les processions, offrent un coup d'œil des plus imposants.

Les voix des enfants de chœur qui se marient aux sons des serpents, des haut-

______

(1) Leur costume est une robe très large, serrée par un cordon au milieu du corps ; le pénitent porte sur la tête un grand capuchon qui lui couvre entièrement le visage, et il ne peut voir que par deux trous pratiqués dans ce capuchon, devant les yeux.

bois et des bassons, le bruit des tambours, l'encens qui fume de tous côtés et que les encensoirs lancent avec ordre et symétrie, devant le prêtre chargé du précieux fardeau de notre divin Sauveur, tout cela forme une pompe majestueuse et digne de l'Eternel, qu'on encense, qu'on adore, et vis-à-vis duquel le profane s'agenouille comme malgré lui, entraîné par ce sentiment qui naît en nous à l'aspect de la Divinité.

La procession de la Fête Dieu, qui passe aux allées de Meillan (1), peut, sous plus d'un rapport, être considérée comme le Longchamp de Marseille.

(1) Les allées de Meillan forment la plus belle promenade de la ville de Marseille. Six rangées d'arbres, où on a placé des bancs de pierre de distance en distance sur une longueur qui s'étend à perte de vue, présentent le plus beau coup d'œil Il y a une jolie fontaine d'eau jaillissante au bout de cette promenade toujours fraîche dans l'été, et donnant le plus bel ombrage.

Ce jour-là on y voit étalées les plus riches et les plus gracieuses toilettes. Dès le matin on a placé de chaque côté de la grande allée que doit parcourir la procession, et dans toute la longueur de la promenade, un double rang de chaises, qu'on loue fort cher aux amateurs. C'est là que les plus élégantes Marseillaises viennent se placer, et montrer leurs grâces et le goût recherché de leur parure.

La procession, un autre jour, descend de la porte d'Aix (1), avance sur le Cours qui conduit à celle de Rome, et offre en-

(1) De la porte d'*Aix* à la porte de *Rome,* il y a une distance au moins d'une demi-lieue. Le Cours, garni d'arbres de chaque côté, présente, surtout le dimanche, le plus beau coup d'œil que l'on puisse imaginer. Il se tient tous les jours sur ce Cours, presque en face de la rue Canebière, l'une des plus belles de Marseille, et qui regarde le port, un marché aux fleurs et aux fruits dont les yeux et l'odorat sont singulièrement flattés, et qui offre un spectacle enchanteur.

core un spectacle des plus extraordinai-
res : il semble que la population de cent
mille âmes s'y soit toute rassemblée , tant
elle paraît prodigieuse.

Les processions une fois terminées ,
rien ne se présente plus pour distraire
les ennuis de la triste famille de M. Dillon.

UN AMI.

La bonne dame se rendait chaque semaine chez M. Droz, l'armateur de son
mari , pour en avoir des nouvelles ; celles
qu'elle recevait étaient bien vagues.
Aucune ne parvenait. Le *dey* avait poussé
· la barbarie jusqu'à défendre aux malheureux prisonniers de correspondre avec
leurs familles. Madame Dillon n'avait plus
d'espoir que dans la prochaine paix , que
l'on promettait toujours , mais qui n'arrivait point.

Les deux sœurs, suivant la différence
de leurs caractères, paraissaient supporter avec plus ou moins de peine
l'absence de leurs parents. Les larmes
qu'elles voyaient chaque jour couler
des yeux de leur mère affectaient sensible-
ment Victoire, qui y mêlait toujours les
siennes. Cette vertueuse fille avait, sans en
rien dire à sa mère ni à sa sœur, usé de
mille moyens pour faire arriver aux chers
prisonniers les petits secours et les nouvelles qu'elle leur adressait. L'excellente
fille épiait toutes les occasions qui se présentaient d'en avoir et d'en donner par
le départ et l'arrivée des navires étrangers
qui abordaient à Marseille.

Julie se contentait d'en demander sans
empressement, avec une véritable indifférence, aux personnes qui venaient des
côtes d'Afrique; et ces rares occasions,
elle ne les cherchait point, elle les attendait du hasard, ou des visites de M. Droz.

pendant chaque jour Victoire implorait Dieu pour le retour des parents qui lui étaient si chers. Les ferventes prières qu'elle lui adressait furent entendues et préparèrent leur délivrance.

Un jour que Victoire était restée seule, sa mère et sa sœur étant sorties ensemble pour affaire, un étranger se présente chez elle : c'était le capitaine d'un navire sarde, venant d'Alger, qui avait achevé sa quarantaine.

« Est-ce à mademoiselle Victoire Dillon, lui dit le capitaine en se découvrant, que j'ai l'honneur de parler ?

— » C'est à elle-même, répond Victoire un peu émue.

— » En ce cas, mademoiselle, voici une lettre que j'ai promis de ne remettre qu'à vous, à vous seule...... »

Victoire la prend , lit l'adresse...

« Ciel ! s'écrie-t-elle, c'est de mon frère !... Oh ! monsieur, par pitié, avant que je ne l'ouvre, dites-moi comment se portait mon père lorsque vous avez quitté Alger ?...

— » Votre père , mademoiselle ?...

— » Ciel ! vous hésitez... Il est mort ! » et Victoire tombe sur une chaise presque sans connaissance.

« Rassurez–vous , mademoiselle , M. Dillon existe ; je l'ai vu avant mon départ. Il est vrai que sa santé...

— » Il respire ! dit Victoire en rouvrant les yeux... Oh! monsieur, assurez-moi qu'il vit encore...

— » Oui , mademoiselle , monsieur

votre père vit; mais il est vrai que le malheur a épuisé ses forces; cependant avec des soins (et on lui en prodigue)., des secours, peut-être la liberté... et il est dans les choses possibles qu'il vous soit permis de la lui procurer, ainsi qu'à votre frère...

— » Moi, monsieur ! s'écrie Victoire... Oh ! dites, dites ce qu'il faut que je fasse ! Tout ce que je possède au monde !.... mais c'est bien peu !... Ma vie est à eux !

— » Vous lirez, mademoiselle, ce que votre frère vous écrit. Il m'a recommandé de vous voir en secret. Vous en apprécierez les motifs. Il m'a parlé de vous avec les expressions d'une amitié si tendre et si pure, d'une confiance si pleine d'espérance, qu'en vous voyant seulement, mademoiselle, je commence à bien augurer de ma mission. Je vous laisse ; je reviendrai. Mais que madame votre mère ignore le fâcheux état où est monsieur votre père ; qu'elle ignore même que je vous ai vue et que je vous ai remis cette lettre.

— » Que je fasse un mystère à ma mère d'un objet qui doit l'intéresser autant !....

— » Il le faut.

— » Ce sera la première fois de ma vie que j'aurai eu un secret pour celle qui m'a donné le jour.

— » La lettre de votre frère vous en démontrera la nécessité. Adieu, mademoiselle. »

Le capitaine salua la fille de M. Dillon, et se retira.

Restée seule, Victoire se hâta de rom-

pre le cachet de la lettre que son frère
lui écrivait, et y lut ce qui suit :

« Le capitaine sarde Antonio, qui te
remettra la présente, ma chère sœur,
connaît tous nos malheurs; il sont au comble ! Relégués dans le port avec notre excellent père, les rudes et vils travaux dont
nous sommes accablés l'ont rendu malade.
Sans espoir de sortir de captivité, malgré
les promesses réitérées d'un échange, j'ai
osé parler de rançon, et notre père a été
placé à l'infirmerie. Il y est soigné par un
chirurgien allemand. Le consul anglais,
dont l'humanité ne s'est jamais démen-
tie à notre égard, a bien voulu demander au *dey* de fixer le prix de notre
liberté.

» Pour obtenir du despote une meilleure
composition, on lui a fait entrevoir que
notre père, usé par le travail et la mala-
die, ne devait pas compter sur une exis-

tence bien longue ; mais que nos amis ,
touchés de notre triste situation , feraient
des efforts pour nous , en tâchant de rassembler promptement la somme qu'il exi-
gerait pour l'envoyer à M. le consul anglais
qui la lui présenterait en échange de nos
personnes. Le *dey* a rendu sa réponse. Il
demande deux mille cinq cents piastres
pour mon père et moi , ce qui fait environ
douze mille cinq cents francs.

» Ce capital excède nos moyens , je le
sais , et peut-être ceux de nos parents et
de nos amis ; cependant notre liberté
n'est qu'à ce prix : je crains que tu ne
puisse rassembler une somme aussi considérable ; voilà pourquoi je désire que
notre mère ne soit point instruite de ce
que je t'écris.

» Vois à son insu, ma chère sœur ,
ceux qui voudront devenir nos bienfai-
teurs, et notamment l'excellent M. Droz ,

dont les bontés pour nous ne se sont jamais démenties. Surtout que notre bonne mère ignore l'état de notre infortuné père.

» Si tu réussis, M. Droz, qui est à merveille avec le consul anglais à Marseille, pourra faire parvenir de suite l'argent qui doit assurer notre délivrance, et nous ramener dans vos bras. »

On pense bien que cette lettre fut interrompue plusieurs fois par les sanglots, les pleurs de Victoire.

Quand sa mère et sa sœur rentrèrent, madame Dillon observa que quelques larmes roulaient dans ses yeux. « Que se passe-t-il en toi, ma fille? lui dit-elle; tu as les yeux humides?

— Je me suis trop appliquée au dessin de ce navire; demain je dois le rendre. Il porte, comme vous savez, le nom de *Léopard*. Ce vaisseau, qui fait son premier voyage, va partir pour Livourne. M. Déal, l'ami de M. Droz, son propriétaire, me l'a demandé, il y a peu de jours. Je n'ai pas eu trop de temps pour l'achever. Je compte bien, ce soir ou demain matin, le lui livrer. »

L'ENFANT VERTUEUX.

On voyait facilement que Victoire ne savait pas mentir ; car, pour donner à sa mère cette explication, bien naturelle sans doute, elle rougit plusieurs fois, et n'acheva son discours qu'en balbutiant. Victoire avait caché dans son sein la lettre précieuse de son frère, et songeait avec une sorte d'anxiété au parti qu'elle prendrait.

A force de travail et d'économie, la fille de madame Dillon était parvenue, depuis trois ans, à réunir deux mille francs, qui étaient placés chez M. Droz, qui lui en payait l'intérêt.

Elle pensait que sa sœur, dont toutes les actions annonçaient l'économie (elle ne voulait pas se servir d'un autre mot), et qui ne donnait jamais rien à sa mère pour le ménage, devait avoir aussi une petite réverve. « Si ma sœur a seulement, se dit Victoire, la moitié de ce que je possède, cela fera trois mille francs; mais où trouverions-nous les 9,500 francs restants ? notre mère, en vendant tout ce qu'elle possède, n'en ferait pas la moitié. Mais M. Droz ! pensa-t-elle aussitôt ; lui, l'armateur de mon père ; lui, qui nous connaît, qui nous a toujours témoigné tant d'affection !... pourrait-il abandonner mon père et mon frère?... il est si bon !... Cependant, s'il a pour mes parents un véritable attachement, pourquoi n'a-t-il pas fait des tentatives pour les racheter ! Il

9..

dit toujours que la paix va se faire avec le dey, que les prisonniers seront rendus sans rançon, et pourtant voilà bien long-temps que cette captivité dure! Il y a près de deux années que mon pauvre père est dans les fers!.... aujourd'hui peut-être il expire de misère!.... » Et la vertueuse fille répandait des larmes amères.

Elle saisit un moment favorable pour parler à sa sœur sans témoin.

« Ma sœur, lui dit-elle, sais-tu qu'il y a un navire sarde dans le port, et qu'il arrive d'Alger?....

— » Je l'ignorais, répond Julie.

— » Penses-tu, ma sœur, continue Victoire, qu'il ait apporté des nouvelles des pauvres Marseillais qui y sont captifs?

— » S'il en était ainsi, nous ne tarderions pas à en avoir par M. Droz, qui est à l'affût de toutes les nouvelles de mer (1).

— » Sais-tu une chose, Julie? On assure que le dey d'Alger a fixé la rançon de tous les captifs marseillais. Ne serais-tu pas bien aise de pouvoir, par tes petites économies, ainsi que je le ferai certainement moi-même, rendre à la liberté à notre père et à notre frère?...

— » Assurément, répond l'égoïste; mais, pour cela, il faudrait deux choses : la première, que le despote africain eût arrêté le prix de ses esclaves, ce que nous ignorons; et la seconde, que j'eusse de l'argent.

— » Comment, reprit Victoire avec surprise, tu n'a pas d'argent?

(1) On appelle nouvelles de mer celles qui sont apportées par les bâtiments.

— » Parce que toi tu es riche, repart Julie de mauvaise humeur, que tu te fais des rentes chez M. Droz, tu crois que tout le monde est aussi heureux ?

— » Eh ! mais que devient donc ton argent, ma sœur ?

— » Ce qu'il devient ? j'en gagne tant, il est vrai, qu'il m'est facile d'en indiquer l'emploi. Ne faut-il pas que je m'achète des souliers, des robes, des chapeaux, mille bagatelles ?... Au reste, je suis bien bonne de te rendre des comptes.

— » Tu as raison, ma sœur, tu n'as pas un sou de disponible, et je dois le croire ; car, sans cette circonstance, comme il s'agit de racheter nos parents les plus proches, de les tirer des mains de leurs oppresseurs et de leurs bourreaux, je ne doute point que tu ne donnasses, comme je le ferai moi-même, à l'instant, ton dernier écu.

— » Sans doute, répond Julie, en rougissant, si j'en avais : mais à l'impossible nul n'est tenu. »

Victoire, toute confuse de trouver tant de dureté dans sa sœur, bien assurée au fond qu'elle a quelques réserves, tourne toutes ses espérances du côté de M. Droz, persuadée qu'il ne saurait résister à ses sollicitations, à ses larmes, et qu'il deviendra le bienfaiteur, le sauveur de tout ce qui l'intéresse le plus au monde.

Sous le prétexte de porter le dessin du navire qu'elle vient de terminer, la bonne fille vole chez le négociant avec la lettre de son frère. Sans autre préambule, Victoire demande à lui parler seule dans le cabinet. Elle tire de son corset le papier objet de sa sollicitude, et prie M. Droz de le lire.

M. Droz le parcourt avec attention.

Quand il a achevé sa lecture : « Quel est le but de votre visite, mademoiselle? dit-il à Victoire.

— » Vous ne le devinez pas, monsieur? lui répond la jeune personne avec hésitation.

— » Il me semble voir, à votre air, que vous voudriez tirer votre père d'esclavage?... mais l'argent?...

— » Ah! monsieur, vous avez à moi deux mille francs; si vous étiez assez humain pour ajouter le reste... une fois mon père et mon frère rendus à la liberté, ils serviraient à bord de vos navires, en telle qualité que vous le voudriez, pour s'acquitter avec vous, et ma vie, monsieur, toute ma vie serait aussi employée à travailler pour reconnaître un pareil bienfait. Que mes pleurs ne vous invoquent point en vain! ajouta Victoire, en se jetant aux pieds du négociant.

— » Que faites-vous? reprend M. Droz en la relevant, et essuyant quelques larmes qu'il laisse échapper comme malgré lui. Je ne puis que louer votre action généreuse ; mais, ma chère enfant, pourquoi sacrifier ainsi une somme considérable, quand il est possible de l'épargner ? Il se peut faire que sous peu de jours la paix soit faite, les prisonniers rendus sans rançon.

— » Il y a deux ans qu'on tient le même langage, répond Victoire avec feu ; et, en attendant, les captifs expirent dans les fers et la misère. Peut-être mon malheureux père, au moment où je parle, termine-t-il ses longues souffrances. Je vous en conjure, monsieur, au nom du ciel, sauvez-le! Encore quelques jours, et il ne sera plus temps !...

— » Vous le voulez, généreuse fille? réplique M. Droz ; je ferai le nécessaire.

— » **Monsieur**, est-il bien possible? Quoi! vous auriez tant de bonté? Ah! je vous en supplie, ne perdez pas une minute; courez chez le consul d'Angleterre, priez-le de donner des ordres précis, positifs, très pressés!... »

Victoire ne savait plus ce qu'elle disait, sa tête se perdait,... la joie la suffoquait. « Admirable enfant, se dit le négociant, que tu mérites bien que l'on s'intéresse à toi ! Il y a justement un navire génois qui met à la voile pour Tunis, reprend le négociant; il doit aller à Alger, et portera nos dépêches : je vais m'en occuper à l'instant. J'aurais voulu épargner cette dépense à votre famille, mais je vois qu'il n'y a pas moyen de vous résister. La paix sera peut-être signée avant l'arrivée de l'argent à Alger : alors tant mieux ; dans le cas contraire, MM. Dillon en seront quittes pour quelques campagnes de plus qu'ils s'engageront à faire, pour remplacer la somme que je vais envoyer.

— » Monsieur, repart Victoire, voulez-vous que je vous donne une reconnaissance écrite pour la somme que vous allez me prêter?

— » J'aime mieux celle qui est dans votre cœur honnête, répond l'armateur, que tous les écrits du monde; la belle action que venez de faire restera gravée dans le mien. Comme nous n'avons pas de temps à perdre, reprend le négociant, et qu'il est bon que votre mère ignore tout jusqu'à l'événement, mettez-vous à mon bureau pour écrire deux mots à votre frère en réponse à sa lettre. »

Victoire, ivre de joie, écrivit :

« Mon cher frère, M. Droz veut être le sauveur, le bienfaiteur de toute notre famille; son cœur généreux a trouvé le secret d'applanir toutes les difficultés. Que l'espoir et la confiance renaissent dans vos âmes ! Je prie Dieu qu'il conserve notre père et vous ramène ici promptement ! Trois êtres qui ne vivent que pour vous n'auront point de repos qu'ils ne vous aient serrés dans leurs bras. »

Victoire remit la lettre toute ouverte à M. Droz. Il y jeta un coup d'œil. On vit, à l'expression de ses traits, qu'il était content du style de mademoiselle Dillon. Celle-ci, en baisant malgré lui ses mains, dit en se retirant : « Vous êtes, monsieur, après Dieu, le premier objet de ma confiance et de ma vénération.

— » Allez, mademoiselle, répondit-il, votre amour filial ne restera certainement pas sans récompense. »

Victoire rentra chez sa mère, qu'elle trouva triste, ainsi que Julie. Le capitaine sarde était venu donner des nouvelles d'Alger. Julie assura qu'on parlait de paix, qu'on l'espérait.

Depuis deux ans on nous berce de cet espoir, s'écrie Victoire, et cependant les malheureux prisonniers sont toujours dans les fers des barbares Africains.

Cette excellente personne put, sans témoins, apprendre au capitaine sarde, qui vint quelques jours après prendre congé de la famille, ce que M. Droz, l'armateur, avait fait pour ses chers parents.

Il l'en félicita, et lui prédit qu'avant peu elle pourrait les embrasser. « Ah ! monsieur, lui répondit-elle, que Dieu vous entende ! Ce jour-là sera le plus beau de ma vie ! »

Madame Dillon et Julie, bien différentes de Victoire, n'avaient d'espérance que dans la paix avec la régence d'Alger pour revoir les captifs.

Victoire fondait son espoir sur un motif plus certain ; c'était leur rachat ! mais en attendant cette vertueuse fille comptait les jours, les minutes. Le sommeil fuyait loin de ses yeux. L'inquiétude, l'attente, lui ôtaient l'appétit, le goût et l'activité qu'elle montrait autrefois pour le travail. Ses fréquentes visites à M. Droz étonnaient sa mère, et faisaient malignement sourire sa sœur.

Plus de trois mois s'étaient déjà écoulés... La tristesse et l'ennui, empreints sur le visage de Victoire, ajoutaient à sa mélancolie habituelle.

LE PÈRE RENDU A L'AMOUR DE SES ENFANTS.

Il était nuit close, la famille venait de prendre son modeste repas du soir. Madame Dillon paraissait absorbée dans ses rêveries ; Julie jouait avec un jeune chat,

son favori, mais bien doucement, de peur
de troubler les pensées de sa mère, tandis
que Victoire, une main appuyée sur son
visage, laissait couler ses pleurs en silence,
en songeant à son bien-aimé père, à son
frère infortuné. Tout-à-coup on frappe à la
porte... Un pressentiment fait lever Victoire
avec vivacité; elle court; elle ouvre...
Quels objets frappent sa vue? son père et
son frère... Elle tombe évanouie dans leurs
bras. Leur arrivée subite et inespérée pensa
devenir fatale à madame Dillon. Si l'on
mourait de joie, sans doute que cette bonne
épouse eût expiré sur-le-champ, car rien
n'égala la sienne.

Les prisonniers avaient débarqué dans
un port d'Italie, d'où ils étaient venus par
terre à Marseille. M. Dillon et son fils
embrassaient tour à tour la mère et les
deux sœurs. « Vous voilà! Quel bonheur
inattendu !.... Que vous avez dû souffrir!...
C'est Dieu qui vous rend à nos vœux !....

La paix est donc faite?... » Ces questions étaient adressées alternativement par madame Dillon et Julie. M. Droz, qui s'était trouvé au bureau de la diligence, sur le Cours, au moment de l'arrivée des deux captifs, les avait suivis. « Hé ! dit-il à madame Dillon, ce n'est point la paix qui vous les ramène, mais bien plutôt le bon cœur, la persévérance et le sacrifice de toute la petite fortune de votre vertueuse fille Victoire.

— » Comment!..... s'écrient à la fois Julie et sa mère, ce serait elle qui aurait fourni l'argent de leur rançon ? Cela n'est pas possible. »

La pauvre Victoire, dont l'embarras redouble la rougeur, reprend, en baissant les yeux et la voix : « Maman, ma sœur, voilà l'être bienfaisant (en montrant M. Droz) à qui nous devons tout... C'est lui qui a envoyé les fonds...

— Il est vrai, répond M. Droz ; mais ces fonds, mademoiselle, puisque maintenant il faut le dire, étaient à vous-même. Vous m'aviez confié deux mille francs, fruit d'une honnête industrie et de vos économies. Je les avais placés sans votre aveu, il est vrai, dans une entreprise dont la réussite est allée au-delà de toute espérance, et qui, lorsque vous m'avez parlé de ces messieurs, m'avait déjà mis à portée de les racheter de vos propres deniers : voilà la vérité que vous ignoriez. Le bienfait vous appartient, je ne devais en être que le dispensateur. »

On croira facilement qu'une si noble conduite de la part de Victoire dut faire rentrer sa sœur en elle-même; mais en prendra-t-elle exemple pour se corriger de son égoïsme? On dit qu'il lui en resta toujours un peu. Quant à monsieur et à madame Dillon, ils ne pouvaient se lasser d'admirer, de louer la conduite de leur fille. Son frère ne cessait de répéter ses louanges ; et bientôt les principaux citoyens de Marseille, instruits du retour des deux marins, et de l'action vertueuse de leur libératrice, s'empressèrent de les visiter et de les féliciter du bonheur d'être père et frère d'une fille si digne de servir d'exemple à son sexe. M. Droz, qui était garçon et fort riche, frappé de tous les avantages de Victoire, la demanda en mariage, appréciant sa vertu comme la plus riche dot. La jeune personne trouva dans celui qu'elle s'était accoutumée à regarder comme un bienfaiteur, un époux dont les sentiments généreux ne se démentirent jamais à son égard, et qui resta toujours le protecteur et l'ami de sa famille.

IV

CLAIRE

OU

LA JEUNE FILLE MENTEUSE ET BABILLARDE.

CLAIRE.

CLAIRE avait douze ans, et se croyait un petit prodige, parce que, retirée de pension, elle imaginait n'avoir plus rien à apprendre; il est vrai qu'elle savait passablement sa langue, écrivait assez bien et dessinait un peu le paysage : on n'avait jamais pu lui montrer la figure; comme c'était une petite volontaire, elle ne dessinait que des ponts ruinés, des moulins. des chaumières et des saules pleureurs.

Monsieur et madame Dubourg, ses parents, riches propriétaires du Marais, et Victor, son frère unique, pensionnaire au collége de Sainte-Barbe, la prêchaient continuellement, mais ne parvenaient point à lui faire entendre raison. La jeune personne s'arrangeait si bien, que tout devait aller comme sa petite tête. Mademoiselle Claire était de plus menteuse, entêtée, et, par-dessus tout, avait un babil qui ne tarissait jamais. S'établissait-il une conversation entre son père, sa mère et quelques personnes âgées de leur société, elle s'approchait du cercle, y entrait, prenait sans façon un tabouret, se plaçait au milieu de la compagnie qu'elle apostrophait en ces termes : « De quoi parlez-vous? Le sujet de votre entretien est-il intéressant? Oh ! répétez-moi ce que vous disiez ! » Son papa lui répondait :

« Nous causons de choses graves, ma fille, que ta jeune raison ne saurait comprendre.

.— » Comment, ma jeune raison ! répliquait-elle ; me prenez-vous donc pour une petite fille, une idiote ? Vous savez bien qu'à la pension j'étais souvent la première dans toutes les compositions. Demandez-moi quels sont les principaux traits de l'histoire ancienne ? ceux de l'histoire de France ? quels sont les empires, les royaumes et les principales villes du globe ? » Et alors elle débitait ce qu'elle savait avec une étourdissante volubilité de langue.

« Je parierais même, ajoutait son père, tant j'ai bonne opinion de ton savoir, que tu serais en état de répondre aux interpellations qu'on serait en droit de te faire sur la discrétion et la modestie ?

— » Comment cela, papa ?... Est-ce que je serais indiscrète ?...

— » Non, sans doute ; seulement tu

veux toujours savoir ce que l'on dit; à tout propos tu te cites comme un modèle de talents... et tu parles sans cesse à tort et à travers. »

La petite babillarde allait répliquer; mais son père la regarda avec des yeux si sévères, qu'il fallut bien qu'elle se tût. Claire alla bouder dans son coin; et, en feuilletant son carton, se mit à déchirer de dépit quelques dessins, et à en barbouiller plusieurs autres. Voilà quel était l'aimable caractère de mademoiselle Dubourg. Ajoutez que chaque jour la petite fille imaginait quelques mensonges contre les domestiques de la maison, pour les faire renvoyer, quand ils ne se prêtaient pas à ses caprices.

La mère gémissait en secret des défauts de Claire; elle ne savait comment la corriger.

La pauvre Louise, sa femme de chambre, voulait absolument s'en aller, parce qu'il n'y avait plus moyen de vivre avec un enfant si volontaire ; Victor, son frère, jeune homme studieux et sage, ne venait presque plus chez son père, parce que sa sœur le tourmentait continuellement.

Claire était au comble de ses vœux, lorsque sa mère lui permettait de réunir sept à huit de ses jeunes compagnes, pour jouer avec elle dans le jardin de l'hôtel. C'est là que Claire s'en donnait !... Comme les mensonges allaient leur train ! Elle inventait cent contes plus bizarres les uns que les autres.

Si la petite babillarde entendait quelques mots du portier ou des domestiques, elle en faisait aussitôt le texte de ses histoires. Si les gens de son père commettaient quelques légères fautes, elle ne manquait pas d'en faire un acte d'accusation, auquel sa méchanceté donnait la tournure la plus envenimée. Une petite

fille comme celle-là était d'autant plus dan-
gereuse que, ayant une figure douce et de
jolis traits auxquels elle savait déjà donner
l'expression qui lui plaisait, les personnes
qui ne la connaissaient pas ne s'en défiaient
nullement ; mais tous les domestiques se
tenaient sur leurs gardes quand ils l'aper-
cevaient, ils prenaient grand soin de ne
rien dire d'équivoque en sa présence,
pour qu'elle ne pût mal interpréter leurs
paroles.

Claire entretenait chaque matin sa mère
de tous les cancans de la maison ; malheu-
reusement madame Dubourg la laissait
dire ; et quoiqu'elle ne crût point comme
paroles d'évangile les rapports de la petite
babillarde, la mère de famille ne laissait
pas que de l'écouter, parce qu'étant un peu
défiante, elle espérait en tirer quelques
lumières sur la conduite de ses domestiques.

La réputation de Claire se trouvait toutefois si bien établie, qu'on se cachait
d'elle pour parler, et qu'on l'évitait sans
cesse.

LE BON ONCLE.

Madame Dubourg avait un frère, riche
négociant à Bordeaux, qui n'était pas venu
à Paris depuis le mariage de sa sœur ; quelques affaires l'appelèrent dans la capitale.
Il ne connaissait point encore les défauts
de sa nièce. La première fois qu'il la vit,
sa figure, son babil l'enchantèrent; il plut
de même beaucoup à la petite, qui trouvait en lui un auditeur docile. Le frère
Victor quitta son collége pendant quelques
jours, pour les passer avec son oncle.

Ce jeune homme, alors âgé de quinze
ans, paraissait aussi tranquille que sa sœur
était turbulente, et aussi simple dans ses

goûts qu'elle était vaine. Il s'avisa de sermoner la jeune personne, dans la crainte que l'oncle, s'apercevant de ses petits travers, ne lui portât moins d'affection ; car Victor était aussi bon que sa sœur était méchante. Il l'aborde :

« Hé bien, Claire, lui dit-il, nous avons donc le bonheur de posséder notre oncle ? J'arrive à l'instant du collége ; je voulais l'embrasser, ce bon oncle ; mais il est sorti. Tu as été plus heureuse que moi ; tu l'as vu ? tu as pu causer avec lui ?

— » Si je l'ai vu ! je le crois bien ; il ne m'as pas quitté de la matinée. En déjeunant, il m'a fait asseoir sur ses genoux, et il m'a embrassée au front plus de vingt fois.

— » Prends garde, Claire, à être circonspecte avec notre oncle, à ne parler que modérément devant lui et à propos ;

on le dit bon : ne va pas le fatiguer par
ton babil.

— » Comment, le fatiguer par mon
babil?... Apprenez, monsieur, que, ce matin encore, ce bon oncle ne se lassait pas
de me faire des questions...... que, plusieurs fois, je lui ai entendu dire tout bas
à maman : « Quelle est gentille ! elle a de
l'esprit comme un lutin !....

— » C'est fort bien, ma chère sœur ;
mais prends garde à ne pas lui faire de
ces histoires que l'on vérifie si promptement,
et qui se trouvent toujours fausses....
comme celle de Germain, par exemple,
de ce bon Germain qui ne boit que de
l'eau, qui a une espèce de tremblement
par tout le corps, par suite d'une attaque
de paralysie, et que tu as accusé une fois
d'être continuellement ivre, parce que le
malheureux, un jour que tu passais devant
sa loge, ne t'ôta pas son chapeau assez
vite, au gré de ta vanité.

— « Ne voilà-t-il pas un grand malheur !.... un portier !

— » Un portier est un homme comme un autre, mademoiselle; quand on a de l'éducation, et surtout un bon cœur, on doit avoir des égards et des procédés pour tout le monde !...

— » Ne vas-tu pas maintenant, comme à ton ordinaire, m'accabler de tes remontrances ? Quand ce serait toi qui serais chargé d'écrire les sermons de ton collége, tu ne prêcherais pas mieux....

— » Remarque bien, ma sœur, que tout ce que je dis est dans ton intérêt..... Notre oncle est un homme sensé ; dès qu'il s'apercevra de tes défauts, il te fera repentir de ta conduite; crois-en mon expérience.

— » Oh ! oui, ton expérience ! Ne dirait-on pas, parce que monsieur a quinze ans, qu'il doit être passé docteur ?.... »

Victor se rapprochant doucement de Claire, et avec bonté : « Ma chère petite sœur, songe au désespoir de notre excellente mère, si tu avais le malheur, après avoir donné de toi, à notre oncle, une bonne opinion, de la lui faire perdre par quelque étourderie ou quelques mensonges. Je t'en supplie, dans tes conversations avec notre oncle, ne babille pas tant; surtout évite de lui rien dire sur telles ou telles personnes; car si tu lui fais quelques faux rapports et qu'il les découvre ensuite, tout sera perdu.... Alors tu conçois ce qu'il pourrait en arriver?

— » En vérité, mon frère, vos observations sont bien offensantes ! Ne faudrait-il pas, pendant le séjour ici de notre parent, que je devinsse muette, sourde et aveugle? Tu es piqué, je le vois, de ce que tu as

entendu dire que notre oncle me trouve
gentille, pleine d'esprit.... Fi!.... le vilain
jaloux!..... C'est égal, je n'en continuerai
pas moins ma manière de vivre, quand tu
devrais en crever de dépit! »

A ces mots, Claire quitte brusquement
son frère pour entrer chez sa mère, à qui
elle raconte tout de travers cette conversation, et si perfidement que la pauvre
mère croit que son fils Victor prend de
l'ombrage de ce que son frère a montré
pour Claire une tendre affection.

Victor, découragé de son peu de succès, monta dans sa chambre, après avoir
prié un domestique de le prévenir lorsque
M. Osval, son oncle, rentrerait.

M. Osval vint pour dîner; il vit son
neveu.

Le babil et le petit ton effronté de Claire
firent prendre la modestie et la réserve de

Victor pour un manque d'esprit. On admirait Claire, on ne prenait pas garde à Victor.

« A quoi destinez-vous votre fils , demanda M. Osval à sa sœur et à son beau-frère.

— » Mais nous voudrions , s'il est possible , dit M. Dubourg , le placer dans la magistrature.....

— » Oh ! oui, reprend à l'instant la méchante Claire , un magistrat ! il sera très bien là, car déjà il a un goût décidé pour les sentences ! »

Victor se mordit les lèvres, mais ne répondit pas. Pour le coup, l'oncle le crut imbécile , et donna tout l'esprit de la famille à *sa charmante petite nièce*, ainsi qu'il l'appelait.

Monsieur et madame Dubourg n'approuvaient certainement pas en eux-mêmes les réflexions inconvenantes que faisait Claire aux dépens de son frère ; mais ils n'avaient pas non plus le courage de la reprendre, dans la crainte de lui nuire dans l'esprit du frère de Bordeaux.

Voilà comme une indulgence mal entendue de la part des parents faibles favorise toujours les défauts de leurs enfants.

M. Osval ne tarda pas à reconnaître lui-même qu'il s'était trop hâté de prononcer entre Victor et sa sœur.

De plus en plus charmé de ce qu'il appelait l'esprit, les bonnes petites façons et les gentillesses de sa nièce, il était enchanté de la voir chaque matin accourir à son appartement pour l'embrasser. Quelquefois Claire prenait aussi plaisir, en folâtrant, à verser elle-même son chocolat, et pendant qu'il déjeunait la babillarde lui faisait mille histoires. Quand on lui parlait de ses devoirs, Claire répondait : « Je vais chez mon oncle. » Ses maîtres alors s'en allaient, après avoir reçu leurs cachets : c'était souvent tout ce qu'ils demandaient. La mère avait beau dire à sa fille : « Tu fatigues mon frère; tu finiras par l'ennuyer; s'il veut écrire, tu l'en empêches.

— » Non, non, répondait la jeune présomptueuse ; mon oncle, au contraire, est enchanté quand il me voit, et me faire babiller est tout son bonheur. »

Victor, obligé, comme un neveu bien né, de venir rendre ses devoirs chaque matin à M. Osval, se présentait timidement à son lever, et se retirait aussitôt qu'il avait salué son oncle.

L'habitant de Bordeaux disait à Claire : « Qu'a donc ton frère? il a toujours un air boudeur et sombre.

— « Ne m'en parlez pas, mon oncle, répondait Claire; c'est un sournois.... »

La méchante sœur ajoutait quelques autres épithètes, et le bon négociant, prévenu, murmurait d'un air chagrin : « C'est bien dommage, on ne fera rien de lui! »

L'INDISCRÉTION PUNIE.

Quand le frère de madame Dubourg était sorti, sa fille, qui avait encore la mauvaise habitude de fureter partout, d'ouvrir et de lire les lettres qu'elle trouvait, soit dans la toilette de sa mère, soit sur le bureau de son père, ne manquait pas d'en agir de même chez son oncle. Un jour que Claire cherchait, à son ordinaire, dans l'appartement de celui-ci, quelque aliment à sa curiosité, elle aperçut sur son bureau un petit paquet enveloppé de papier gris, qui attira son attention. « Voyons donc ce que renferme ce paquet, dit-elle aussitôt ; peut-être est-ce une suprise que

veut me faire mon oncle?..... Oh! sans
doute, ce bon oncle! quelque joli cadeau! »

Son jeune cœur commençait à battre
bien fort. La petite curieuse détache d'a-
bord tout doucement la ficelle qui entoure
le paquet..... Sa main tremble. Elle déroule
une feuille et regarde...... « C'est une
boîte!.... que renferme-t-elle?.... Voyons!»
Elle ouvre. « Une montre! Oh! qu'elle est
jolie?........ » Claire la tire de son enveloppe..... « La belle chaîne qui pend
après! Oh! c'est pour moi, c'est pour
moi! Nul doute!... » Et l'indiscrète se
met en devoir d'en parer son cou. Comme
elle élève le bras, paf! voilà la montre et
la chaîne qui tombent par terre et se
brisent.

A ce spectacle, la fille de madame Dubourg reste immobile et muette de surprise
et d'effroi : ce malheur est son ouvrage;

comment s'excuser? où se cacher? Se livrera-t-elle au désespoir, ou prendra-t-la fuite? Claire ne sait à quoi se résoudre; elle ne sait plus ni ce qu'elle doit faire, ni même ce qu'elle fait. Tout éperdue de honte, l'imprudente ramasse promptement les morceaux de la montre, les renferme dans la boîte, qu'elle enveloppe à la hâte avec le papier qui la contenait; et, troublée, confuse, marchant à pas précipités dans l'appartement, frémissant de peur, Claire se rappelle bientôt qu'il y a dans l'antichambre une grande armoire abandonnée; elle y court, en tire un tiroir, y dépose les débris de la montre, et se sauve aussitôt, comme si elle venait de commettre un grand crime, comme si la justice était à sa poursuite.

L'oncle avait effectivement acheté le matin ce joli petit bijou pour sa nièce; il comptait ce jour même le lui remettre avec la chaîne. En rentrant, il cherche des yeux

et ne voit rien ; il croit s'être trompé ; il
regarde sur le guéridon, la console, le
lavabo, la toilette ; plus de paquet ! « C'est
singulier ! pense-t-il ; me serais-je trompé ?
Non, non, cela est impossible ; j'avais
mis le cadeau que je destinais à ma nièce,
là, sur ce bureau. Parbleu ! j'en suis certain. Y aurait-il des fripons chez ma sœur ? »
Voilà la tête du négociant bordelais qui
travaille, et il va croire que son beau-frère
est entouré de domestiques infidèles. Au
dîner, M. Osval paraît un peu triste et
rêveur ; il attachait successivement ses
regards sur les domestiques, surtout sur
Louise, la femme de chambre qui avait
l'habitude de faire son appartement et d'y
mettre tout en ordre. Il fixait sur elle des
yeux scrutateurs. Claire, inquiète, comme
une personne dont la conscience n'est point
sans reproche, n'osait plus lever les siens
sur son oncle. M. Dubourg, que la contenance de son beau-frère intriguait, l'exa-
minait et disait en lui-même : « A qui en

a-t-il donc? Comme il nous regarde tous ! »
Il n'y avait point d'étrangers ce jour-là chez
l'habitant du Marais. On quitte la table de
bonne heure, on passe au salon. Claire,
contre son ordinaire, et pour éviter qu'on
ne lui fît des questions, alla se placer à
son piano et joua quelques airs. Pendant
qu'elle fait de la musique, son oncle joue
au boston avec sa mère. M. Dubourg cause
de son côté avec son fils. La société s'é-
coule ainsi tout doucement; on se souhaite
réciproquement le bonsoir, et chacun se
retire.

Madame Dubourg, en se déshabillant, eut
occasion de remarquer que Claire n'avait pas
été aussi bruyante qu'à l'ordinaire, et que
M. Osval, son frère, lui avait paru soucieux.

» Peut-être, répond Louise qui l'aidait
à faire sa toilette de nuit, que mademoiselle lui aura fait encore quelques contes,
dont il a pu n'être pas content : de là sans
doute leur commune tristesse.

— » Il faudra, dit madame Dubourg,
que demain matin je passe chez mon frère
pour m'en expliquer avec lui. »

M. Osval, à peine réveillé, fut un peu
surpris de voir sa sœur entrer dans sa
chambre.

» Je vous ai trouvé tout rêveur hier au
soir, mon frère, lui dit-elle ; je n'ai point
osé vous en demander le motif ; mais l'idée
que vous n'étiez pas satisfait m'a occupée
toute la nuit. Auriez-vous quelque sujet de
chagrin ? seriez-vous indisposé ?

— » Non, ma bonne sœur ; je suis au
contraire en parfaite santé : seulement, je
dois l'avouer, il arrive chez vous des choses qui m'affligent...

— » Dieu ! vous m'effrayez ! que se
passe-t-il donc ?...

— » Ma sœur, je ne sais ; mais il y a un

vieille adage qui dit... *qui perd, pèche...*

— » Hé bien?

— » Hé bien, ma sœur, vous avez chez vous des gens infidèles, ou je suis dans une grande erreur. »

Madame Dubourg, reculant de quelques pas :

« Vous me faites frémir, mon frère... vous aurait-on volé ?...

— » Eh oui! ma sœur. puisqu'il faut bien vous le dire. Hier, j'allai au Palais-Royal faire emplète d'une jolie montre et d'une chaîne d'or. Je renfermai le tout moi-même dans une boîte de carton, que je recouvris de papier gris, dans la forme d'un petit paquet que je ficelai... J'arrivai ici. je le tirai... de ma poche, et le plaçai là, sur ce bureau; je m'en allai ensuite, car l'heure de la Bourse me pressait, at-

tendu que j'y avais donné un rendez-vous.
Je ne pouvais avoir aucune défiance dans
une maison comme la vôtre. Cependant,
à mon retour, je ne trouvai plus mon paquet... »

Pendant ce court récit du négociant,
Claire est arrivée doucement dans la chambre pour souhaiter, suivant son usage, le
bonjour à son oncle, et a entendu son récit
comme un criminel qui entend prononcer
sa sentence.

Au moment où M. Osval venait d'achever de parler, Victor entra aussi. Le négociant, en les apercevant tous les deux, leur
dit : « Soyez les bienvenus, mes enfants; »
et il s'avance pour les embrasser. Victor
approche franchement son visage de celui
de son oncle : Claire se présente timidement. « Pourquoi donc, ma nièce, continue le bon oncle, pourquoi ne me sautes-tu
plus au cou, comme tu le faisais ordinai-

rement? A ces mots, la petite hypocrite reprend son assurance et embrasse son parent.

Madame Dubourg paraissait agitée. M. Osval lui fait signe de se taire; mais elle n'en tient aucun compte, et s'écrie : « Mon frère, je n'ai point de secrets pour mes enfants, il faut qu'ils sachent qu'il a été commis un vol dans votre appartement. » Elle leur raconte alors ce que Claire savait de reste. La jeune effrontée, un peu rassurée, ajoute : « Cela est vraiment étrange... C'est Louise qui fait la chambre de mon oncle. Ce paquet aura peut-être tombé, roulé quelque part; en balayant on l'aura poussé dans un coin... »

Victor écoute sa sœur; son langage l'étonne; il la fixe avec inquiétude. Madame Dubourg, toujours fort alarmée, prie son fils d'aller lui-même chercher Louise. Sa femme de chambre paraît. La mère de

Victoire lui parle avec douceur ; et, après avoir raconté ce qui est arrivé à son frère, lui demande si elle n'aurait pas vu son paquet. Louise répond naïvement que non. Claire, qui s'empresse de se mêler de la conversation, pendant que son frère scrute tous ses traits, recommande à Louise de se bien rappeler si, par mégarde, elle ne l'aurait point balayé dans la cheminée. M. Osval reprend : « Voyons, voyons ; » il s'approche du foyer, se baisse, et y découvre bientôt quelques petits morceaux de verre mêlés avec de la poussière. « Parbleu, s'écrie-t-il, en ramassant ces vestiges, ceci ressemble à s'y méprendre aux fragments d'un verre de montre cassé... » A ces mots, Claire rougit et perd presque contenance. Son frère, qui a toujours les yeux attachés sur elle, commence à concevoir des soupçons...

« Allons, mademoiselle, réplique madame Dubourg à sa femme de chambre.

dites positivement si vous avez vu ou non le paquet et la montre? Hé bien , si vous n'avez commis qu'une étourderie, une maladresse , n'ayez pas honte de l'avouer, mon frère est indulgent, et vous savez combien j'ai toujours été bonne pour vous... » La pauvre Louise, entendant ces paroles, pense qu'on la croit coupable , elle répand un torrent de larmes, pendant que Claire garde un froid silence. M. Osval, de son côté , prend les pleurs de la femme de chambre pour un aveu de sa faute ; il hésite un moment. Enfin il dit à madame Dubourg :

» Ma sœur, attendu que cette fille est à votre service , je ne ferai point d'esclan-dre; qu'elle rende la montre , et puis chas-sez-la. »

Cet arrêt est un coup de foudre pour l'innocente domestique. Au désespoir, elle se jette aux pieds de sa maîtresse ;

« Madame je ne suis point coupable , s'é-
crie Louise : je vous jure que ce n'est point
moi !..... que je n'ai vu ni paquet ni montre !... »

Victor, le bon Victor, que cette scène
fâcheuse attendrit et indigne tout à la fois,
par un mouvement qui vient de son cœur ,
relève la femme de chambre, et prononce
avec un accent de douleur les mots sui-
vants : « Louise est innocente !... »

Madame Dubourg et son frère se regardent. Claire baisse les yeux. Il se fait un
moment de silence.

« Retirez-vous, Louise, reprend enfin
madame Dubourg. »

Après son départ, elle s'adresse à son
fils.

« Mon cher Victor, je connais ta prudence ; puisque tu sais ce qu'est devenu le paquet de ton oncle, tu vas nous apprendre comment....

— » Oui mon frère, interrompit effrontément la coupable Claire, apprends-nous comment.... »

LES SUITES TERRIBLES DU MENSONGE.

Victor, sans répondre à sa sœur, la regarde avec un air de compassion. L'oncle, qui s'en aperçoit, ne sait plus que penser. « Que la chienne de montre soit à tous les diables ! dit-il, et n'en parlons plus, je vous en prie. La mère, la fille et le frère, un peu embarrassés, se retirent alors.

Au déjeuner, il fut encore question de l'aventure arrivée chez M. Osval. Les do-

mestiques en furent bientôt instruits, et la
malheureuse Louise ne savait plus quelle
contenance tenir. On se parlait bas à l'o-
reille en sa présence. M. Victor, qui passait
cependant pour connaître tout le mystère,
avait aussi un air passablement embarrassé.
Quant à sa sœur, il lui était impossible de
soutenir plus longtemps son rôle, tant sa
conscience paraissait agitée; elle ne pouvait tenir un moment à la même place, et
son frère épiait tous ses mouvements.

M. Osval ne sortit point; il resta au
salon ou dans le jardin une partie du jour.
Pour Victor, tantôt il feignait de monter à
sa chambre, où il avait, disait-il, oublié
un livre; une autre fois, il faisait semblant
de passer au billard, comme par désœu-
vrement; enfin il surveillait minutieuse-
ment toutes les actions de la méchante
petite fille; pour qu'elle lui échappât
moins encore, il lui proposa une partie de
volant.

En jouant, Victor reprit avec Claire son ton de *docteur,* ainsi qu'elle l'appelait.

« Sais-tu bien, ma sœur, lui dit-il, que voilà une méchante affaire? Comment! un vol domestique! imagine, ma chère qu'on va aux galères pour un crime semblable!

— » Tais-toi donc; tu me fais frémir avec tes galères! Mais, mon frère, il paraîtrait que tu connais le coupable? Est-ce que tu aurais le cœur assez dur pour le faire condamner aux galères?....

— » C'est selon; si, par exemple, il restituait l'objet dérobé, ou plutôt si, ayant honte de son action, il le remettait de suite à sa place, on userait d'indulgence.

— » Tu crois, mon frère?

— » Je le pense, du moins; mais il ne

faudrait pas tarder trop longtemps ; car la justice va vite en pareille matière.

— » Tu en parles bien à ton aise.

— » Que veux-tu? je commence ma charge ; c'est le devoir d'un magistrat..... »

Quelques minutes après, Claire annonce qu'elle est fatiguée, et ne veut plus jouer ; elle cherche un prétexte pour quitter son frère. Celui-ci court auprès de son oncle, et le prie de venir avec lui. Tous les deux sont sur les talons de la petite menteuse, et la surprennent au moment où, après avoir retiré de la vieille armoire le paquet du négociant, elle le replace sur son bureau. Madame Dubourg, toujours inquiète, avait machinalement suivi son frère, et arriva assez à temps à son appartement pour être témoin aussi de l'action de sa fille.

L'imprudente Claire, qui se croyait

seule, détourne la tête et reconnaît derrière elle sa mère, son oncle son frère.
La malheureuse enfant pousse un cri, et
tombe sans connaissance.

Tout est découvert! tout est éclairci!
Quelle leçon!... Claire reprend peu à peu
ses sens. Son embarras, sa confusion, la
rougeur qui couvre son front, ses sanglots
qui se font entendre, attestent suffisam-
ment ses remords.

« O ma mère! mon oncle! dit-elle enfin,
me pardonnerez-vous!...

— » Malheureuse! répond sa mère ou-
trée d'indignation, tu n'as pas craint de
laisser planer des soupçons odieux sur une
fidèle domestique, qui n'a d'autre fortune
que son honneur!.... Quel était donc ton
dessein en laissant accuser et presque condamner une innocente?

— » Maman, je n'en avais aucun.

— » Dis plutôt que tu voulais te venger de Louise, de ton frère, et de tous ceux qui blâment et détestent tes défauts ; que tu étais bien aise de trouver une occasion de satisfaire ta haine. »

Madame Dubourg ne voulait pas pardonner, malgré les sollicitations de son frère et de son fils. M. Osval exigea de sa nièce un récit détaillé de toute sa conduite, après quoi il fit remarquer à sa sœur que la curiosité de Claire était la conséquence du faux jugement qu'on avait porté contre Louise, et que sa nièce, plus étourdie que coupable, méritait d'être grondée, mais non d'être punie. Malgré l'intercession de son frère, Madame Dubourg, voulant corriger sa fille de son mauvais défaut, prit occasion de la circonstance pour la remettre en pension, avec recommandation à la maîtresse du pensionnat de la tenir sévèrement et de ne lui rien passer.

La pauvre Claire, humiliée, se résigna

avec courage, et fit tant, à l'avenir, qu'elle
perdit la mauvaise habitude de mentir à
tout propos, et ne parla plus qu'avec cir-
conspection, et seulement lorsqu'on l'inter-
rogeait.

Quant à Louise, la femme de chambre,
M. Osval, pour la dédommager de l'affront
qu'on lui avait fait, l'obligea à prendre la
montre qu'il destinait à sa nièce; mais la
bonne Louise, après l'avoir fait réparer,
la serra soigneusement, et sans rien dire,
dans sa commode; et lorsque sa jeune
maîtresse eut quitté définitivement sa
pension et qu'elle fut devenue telle que ses
parents la désiraient, la femme de chambre
lui rendit la montre, en la suppliant de
l'accepter; car elle ne l'avait reçue, lui
dit-elle, que comme un dépôt qui lui appartenait.

LA MENDIANTE.

LA MENDIANTE.

Une dame hérita d'un de ses parents qui laissait une grande fortune. Ce parent était le seigneur d'un village, où il possédait un beau château. Avant de mourir, il recommanda à la dame de faire sur ses biens une pension de cent écus à la famille la plus charitable du village.

Au bout de quelque temps, la dame fit annoncer qu'elle allait venir prendre possession du château ; et deux jours avant celui qu'elle avait fixé, l'on vit dans le village une pauvresse étrangère qui allait de porte en porte demander l'aumône. Dans la plupart des maisons , on lui répondait durement que le pain était cher, et qu'il n'y en avait pas trop. Dans d'autres, tout en la rudoyant, on lui donnait quelque liard ou quelque morceau de pain moisi , quelque pomme à moitié gâtée. Enfin elle arriva près d'une cabane habitée par un paysan , sa femme et leur petit enfant. Comme la pauvresse grelotait de froid , et qu'elle avait la figure et les mains toutes violettes, tant elle souffrait de la rigueur de la saison, le paysan , sitôt qu'il la vit à sa porte, lui dit d'entrer et de se chauffer à son feu. Puis il lui versa un verre de vin, sa femme lui coupa un morceau du peu de pain qu'elle avait chez elle, et le lui donna, avec une tranche de jambon. Le petit enfant aussi se montra charitable et lui offrit la moitié d'un morceau de galette que sa mère venait de lui donner. La pauvresse s'en alla en les bénissant.

Le surlendemain, l'on apprit que la dame du château venait d'arriver, et les habitants du village furent invités par elle à dîner. On les introduisit tous dans une salle à manger où il y avait une grande et une petite table. Celle-ci était couverte des mets les plus exquis; sur la grande il y avait beaucoup d'assiettes couvertes.

La dame fit placer à cette table tous les gens du village, à l'exception de la famille qui avait secouru la mendiante, puis elle dit :

— Mon parent, qui m'a laissé ce château, m'a ordonné de faire une rente de cent écus au plus charitable d'entre vous. Pour pouvoir remplir ses volontés, j'ai voulu vous éprouver. C'est moi qui avant-hier ai parcouru le village sous l'habit d'une pauvresse. Chacun de vous peut se rendre justice, et se dire s'il m'a bien accueillie. Je n'ai trouvé de charitables que ce pauvre homme, sa femme et son fils : aussi auront-ils la rente de cent écus tant que l'un d'eux vivra. Je leur dois aussi un dîner ; qu'ils se mettent avec moi à cette petite table, je vais le leur rendre le mieux qu'il me sera possible. Quant à vous autres, vous trouverez sur vos assiettes la juste récompense de ce que vous m'avez donné ; vous pouvez lever les couvercles.

Les paysans n'étaient pas fort satisfaits

de ce discours ; ils le furent encore moins de ce qu'ils trouvèrent devant eux : ceux qui n'avaient rien donné virent leurs assiettes absolument vides ; les autres trouvèrent l'objet même qu'ils avaient remis à la pauvresse : l'un une croûte de pain, l'autre une pomme pourrie, l'autre un mauvais liard. Enfin un méchant petit garçon qui avait jeté à la pauvresse l'os qu'il rongeait trouva cet os qu'elle avait ramassé. La dame, après s'être amusée de leur surprise, ajouta : — N'oubliez pas que vous serez ainsi récompensés dans l'autre monde.

FIN.

TABLE.

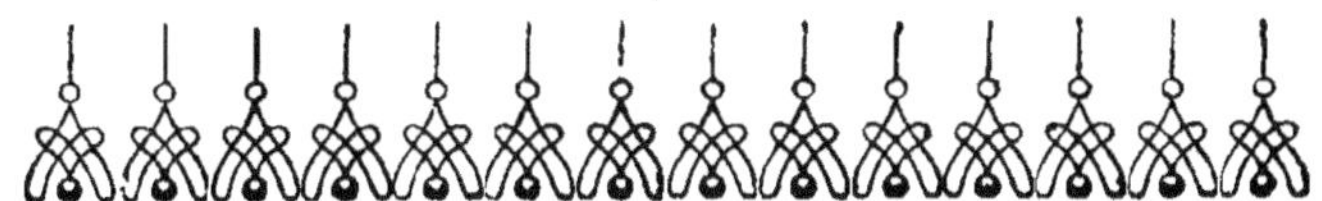

TABLE.

—

Les petites Etudes de la Nature, ou Leçons
    d'un père.   7
Anaïs et Charlotte, ou Amour-Propre et
    Bonté.   77
Julie et Victoire, ou Egoïsme et Bienfai-
    sance.   129
Claire, ou la petite Fille menteuse et ba-
    billarde.   171
La Mendiante.   207

FIN DE LA TABLE.

ISLE. — IMP. MARTIAL ARDANT FRÈRES.